全国BIM应用技能考试培训教材

结构工程 BIM 应用

中国建设教育协会　组织编写

U0383340

中国建筑工业出版社

图书在版编目（CIP）数据

结构工程 BIM 应用/中国建设教育协会组织编
写. —北京：中国建筑工业出版社，2017.6
全国 BIM 应用技能考试培训教材
ISBN 978-7-112-20635-3

Ⅰ. ①结…　Ⅱ. ①中…　Ⅲ. ①建筑设计-计算机
辅助设计-应用软件-技术培训-教材　Ⅳ. ①TU201.4

中国版本图书馆 CIP 数据核字（2017）第 069733 号

本教材为《全国 BIM 应用技能考评大纲》配套考试用书。全书共分为 7 部
分，主要内容为：BIM 结构模型维护、BIM 模型数据交换、基于 BIM 的碰撞检
查、基于 BIM 的沟通、基于 BIM 的结构构件（体系）属性定义及分析、基于 BIM
的图档输出和试题样例。

本教材内容详实，可以作为参加全国 BIM 应用技能考试结构工程专业 BIM 应
用人员考试参考用书，也可作为大专院校建筑工程、建筑设计、工程管理及相近
专业学生和工程技术人员参考用书。

责任编辑：朱首明　李　明　李　阳　赵云波
责任设计：李志立
责任校对：赵　颖　刘梦然

全国 BIM 应用技能考试培训教材
结构工程 BIM 应用
中国建设教育协会　组织编写
*
中国建筑工业出版社出版、发行（北京海淀三里河路 9 号）
各地新华书店、建筑书店经销
霸州市顺浩图文科技发展有限公司制版
北京圣夫亚美印刷有限公司印刷
*
开本：787×1092 毫米　1/16　印张：8¼　字数：199 千字
2017 年 7 月第一版　2017 年 7 月第一次印刷
定价：**26.00** 元
ISBN 978-7-112-20635-3
（30293）

出 版 说 明

建筑信息模型（Building Information Modeling，简称 BIM）作为引领建筑产业现代化的重要技术之一，受到工程建设领域的广泛关注，《住房城乡建设部关于印发推进建筑信息模型应用指导意见的通知》（建质函［2015］159 号）中指出："BIM 应用作为建筑业信息化的重要组成部分，必将极大地促进建筑领域生产方式的变革。"

本套《考试培训教材》由中国建设教育协会组织编写。《考试培训教材》按照《全国 BIM 应用技能考评大纲》要求编写，紧紧围绕实际工程的需要，本着理论和实践相结合的原则，构建提高 BIM 应用技能所需的知识体系，并辅以实际工程项目的典型样例，深入浅出地对 BIM 建模、专业 BIM 应用和综合 BIM 应用三级考评的知识要点进行了阐述，对致力于提高 BIM 应用技能水平的学习者有着系统的指导意义，对参加全国 BIM 应用技能考试的人员来说，更是不可或缺的指导用书。

《考试培训教材》全套共七本，包括《BIM 建模》、《建筑设计 BIM 应用》、《结构工程 BIM 应用》、《设备工程 BIM 应用》、《工程管理 BIM 应用（土建类）》、《工程管理 BIM 应用（安装类）》和《综合 BIM 应用》。

《考试培训教材》各分册的主编均为建筑信息领域的高水平专家学者，融合了业界先进的经验与范例，经过反复的推敲与审定，最终形成了本套集技术先进性、内容通俗性与应用可操作性于一体的培训教材。由于编写时间有限，而 BIM 技术的发展日新月异，不足之处还请广大读者和同行多加指正。

前　　言

BIM 技术正在推动着建筑工程设计、建造、运维管理等多方面的变革。BIM 技术作为一种新的技能，有着越来越大的社会需求，正在成为我国 BIM 应用型人才储备及培训计划的重要内容。在此背景下，本着更好地服务社会的宗旨，中国建设教育协会适时开展全国 BIM 应用技能考评工作，及时组织了国内有关专家，制定了《全国 BIM 应用技能考评用书》。在编撰过程中，编写人员始终遵循《全国 BIM 应用技能考评大纲》中"与我国BIM 应用的实践相结合，与法律法规、标准规范相结合"的编制原则，力求在基本素质测试的基础上，结合工程项目的实践，重点测试应试者对 BIM 知识与技术实际应用的能力。

本教材编撰者为大专院校、行业协会、设计与施工单位、软件开发商、工程咨询公司等方面的专家学者。在编写过程中，编写委员会组织召开了多次会议，讨论了该书的体系、内容及结构，并组织编委内部与外部专家进行审稿工作。本教材由张德海担任主编，黄立新任副主编，全书由张德海统稿，并特邀王广斌先生对本书进行了全面审核。其中，第 1 章由张德海、王文杰编写，第 2 章由黄立新编写，第 3 章由陈勇、白际盟编写，第 4章由王君峰、韩达光编写，第 5 章由陈勇、王强、白际盟、黄立新、池鑫编写，第 6 章由秦义编写，第 7 章由张德海、姜信武编写。

本教材为《全国 BIM 应用技能考评大纲（暂行）》配套考试用书，适于全国 BIM 应用技能考评应用。本教材可用作本科和高职的土木工程、建筑工程、工程管理及相近专业学生和社会人员参加 BIM 结构应用技能考评的参考用书。

在本教材编写过程中，虽然经作者反复推敲核证，仍难免存在不妥乃至疏漏之处，恳请广大读者提出宝贵意见。

目　　录

1 BIM 结构模型维护

1.1 BIM 结构模型维护的概述

BIM 模型是项目信息交流和共享的数据中心。从建筑项目全生命周期 BIM 应用的角度，BIM 模型从项目策划、概念设计、方案设计、初步设计、施工图设计，再到后续的施工和运营维护，是一个模型逐渐深化、信息不断丰富的发展过程。在项目的生命周期中，通常需要创建多个模型，例如用于表现设计意图的初步设计模型、用于施工组织的施工模型和反映项目实际情况的竣工模型等。随着项目的进展，所产生的项目信息越来越多，这就需要对前期创建的模型进行修改和更新，甚至重新创建，以保证当时的 BIM 模型所集成的信息和正在增长的项目信息保持一致。因此，BIM 模型的维护是一个动态的过程，贯穿于项目实施的全过程，对 BIM 的成功应用至关重要。

1.1.1 BIM 结构模型维护的目的

BIM 结构模型通过数字信息仿真模拟建筑物的真实信息，信息的内涵不仅仅是几何形状描述的视觉信息，还包含大量的非几何信息。各种信息始终是建立在一个三维模型数据库中，可以持续及时地提供项目设计、施工进度以及成本等方面的信息，这些信息完整可靠并且需要各参与单位的实时协调更新。通过对 BIM 结构模型数据环境信息的不断更新及访问，建筑师、结构工程师、建造师、监理工程师以及业主可以清楚全面地了解项目进展过程。建设信息的共享及维护在建筑设计、结构设计、施工和管理的过程中能够加快决策进度、提高决策质量，从而提高整体项目质量。

对于结构工程专业而言，BIM 结构模型维护主要体现在从方案设计阶段到施工阶段对模型的不断深化及调整：1. 根据不同设计阶段，对设计模型的深化及补充；2. 根据施工进度和深化设计及时更新和集成 BIM 模型，进行专业内部及专业间的碰撞检查，提供具体碰撞的检测报告，并提供相应的解决方案，及时协调解决碰撞；3. 对于施工变更引起的模型修改及更新；4. 结构模型结合施工进度，考虑施工工况分析结构计算的影响；5. 在出具完工证明以前，向业主提供真实准确的竣工模型，BIM 应用资料和设备信息等，确保业主和物业管理公司在运营阶段具备充足的信息。

结构工程专业中，各建设阶段的模型其对内容及参数信息的需求各不相同：

1. 初步设计阶段，结构工程专业工作重点是根据建筑模型，开发、维护和更新选中的 BIM 结构模型，进行初步结构分析，实施 BIM 建筑模型与 BIM 结构模型间的设计协调。

2. 施工图设计阶段，根据最新的建筑模型，维护和更新结构模型。施工图结构设计模型应有准确的尺寸、形状、位置、方位和数量以及可以提供招投标使用各种非几何属性参数。

3. 深化设计阶段，及时根据设计变更单、签证单、工程联系单、技术核定单等对模型进行相应的修改。模型构件应表现对应建筑实体的详细几何特征及精确尺寸，应表现必要的细部特征及内部组成；构件应包含在项目后续阶段（如施工算量、材料统计、造价分析等应用）需要使用的详细信息，包括构件的规格类型参数、主要技术指标、主要性能参数及技术要求等。在结构模型基础上，进行机电安装、钢结构、幕墙、精装修等专业深化设计，进行单专业内和专业间碰撞检查，提供具体碰撞的检测报告，并提供相应的解决方案，及时协调解决碰撞。

4. 竣工验收阶段。模型应包含（或链接）分部分项工程的质量验收资料，以及工程洽商、设计变更等文件，BIM 应用资料和设备信息等，确保业主和物业管理公司在运营阶段具备充足的信息。

将 BIM 模型引入结构设计后，BIM 模型作为一个信息平台能将各种过程数据统筹管理，BIM 模型中的结构构件同样也具有真实构件的属性和特性，记录了工程实施过程中的数据信息，可以被实时调用、统计分析、管理与共享。结构工程的 BIM 模型应用主要包括结构建模和计算、规范校核、三维可视化辅助设计、工程造价信息统计、施工图文档和其他有关的信息明细表等，涵盖了包括结构构件以及整体结构两个建筑信息模型，可以存储丰富的构件信息，包括材料信息、几何信息、荷载信息等，能随时方便的进行显示和查询。BIM 软件工具还可以在进行节点设计时自动的判断出包含梁柱的定义、梁柱的空间方位以及梁柱截面尺寸的基本要求等在内的结构构件的逻辑信息，然后对构件的连接类型进行判断识别，并自动匹配与之对应的节点，达到三维模型信息核心的参数化和智能化，从而实现在整个建筑物生命周期对建筑信息的共享、更新和管理。

1.1.2 BIM 结构模型元素类型

BIM 结构模型涵盖所有混凝土结构、钢结构、混合结构以及木结构等结构类型，所使用的基本结构构件为基础、梁、板、柱、墙体、桁架以及各种类型的节点如梁柱节点、柱脚、预埋件、吊环等，混凝土结构构件的钢筋也需要单独建立模型。结构构件必须正确使用 BIM 软件中的相应工具（如墙工具、板工具等）创建。如果 BIM 建模软件无法直接使用相应工具创建所需构件，则可使用其他适当的工具创建，在这种情况下，此时可定义构件的对应 BIM 元素"类型"。

BIM 结构模型类型包括结构工程专业各类构件以及不同构件的截面尺寸、材料、力学特性、单元截面特性等物理信息，主要的结构构件类型分类见表 1.1-1。

BIM 结构模型元素类型简表

表 1.1-1

定位元素	结构轴网、标高体系
结构基础	独立基础、条形基础、筏形基础、桩基础等
结构柱	混凝土垂直柱、斜柱等，也可按框架柱、构造柱、型钢柱等来划分
结构梁	混凝土框架梁、框支梁、非框架梁、钢结构梁等
结构墙体	混凝土剪力墙、地下连续墙、挡土墙、墙洞

结构板	楼面板、屋面板、车道斜板、悬挑板、板上开洞
结构楼梯	板式楼梯、梁式楼梯等
结构桁架	空间结构的桁架、网架等
结构节点	钢结构节点及连接方式
结构钢筋	混凝土结构中各梁、板、柱、墙、楼梯等构件配筋

1.1.3 BIM 结构模型维护的内容

BIM 结构模型为包含分析模型和物理模型两种形式的模型,分析模型主要用于相应的结构计算与分析软件提供信息,物理模型主要包含实际结构构件尺寸、位置、材料等设计信息,分析模型与物理模型之间通过软件实现信息的一致性。

在不同的工程阶段(如方案设计阶段、初设阶段、施工图阶段和竣工阶段)BIM 模型应具有相应的内容和深度要求,BIM 模型不仅应满足 BIM 交付成果的要求,还应该符合各设计阶段的制图内容和深度标准、各种规范文件、行业内的惯例和本设计单位的规定,BIM 模型维护也要求参照相应的标准执行。

BIM 结构模型维护内容根据项目进展的不同阶段做相应变化,主要体现在以下几个方面:

1. BIM 结构模型创建和深化设计

BIM 结构模型应确保模型能准确反映设计师的意图,不缺项不漏项。模型构件应表现对应的建筑实体的详细几何特征及精确尺寸,应表现必要的细部特征及内部组成;构件应包含在项目后续阶段(如施工算量、材料统计、造价分析等应用)需要使用的详细信息,包括构件的规格类型参数、主要技术指标、主要性能参数及技术要求等。

BIM 结构模型的创建使用的各软件必须在保证模型信息完整的前提下,可导出 IFC 等通用交换格式文件,确保在数据交换的过程中没有信息丢失。

工程中基于施工条件和作业流程,结合现场实际情况,对施工图设计模型进行完善、补充,形成施工图深化设计模型。

借助 BIM 结构模型作为沟通媒介,召集相关人员一起对图纸进行图纸审查和设计交底。基于 BIM 的图纸会审可在 BIM 结构模型中进行漫游审查,以第三人的视角对模型内部进行查看,发现净空设置等问题以及设备、管道、管配件的安装、操作、维修所必需空间的预留问题,将图纸中出现的问题在三维模型中标记模型截图、具体坐标位置,分析问题、给出优化建议。所有发现的问题经各方协调,办理设计变更或设计变更联络单,并对模型进行相应修改。

BIM 模型数据交换、基于 BIM 的碰撞检查和基于 BIM 的沟通的具体做法详见本书第 2、3、4 章。

2. 设计变更

施工过程中,依据已签认的设计变更、洽商类文件和图纸进行更新,保持 BIM 模型与最新的设计文件和施工的实际情况一致。基于 BIM 的设计变更可实现模型的参数化修改,可直观对比变更前后工程部位的具体变化,所有设计变更均在模型中分类编号体现,保证问题的可追溯性。

基于 BIM 的设计变更应注意以下几个方面：

（1）在审核设计变更时，依据变更内容，在模型上进行变更，形成相应的变更模型，为监理和业主方对变更进行审核时提供变更前后直观的模型或模型截图对比，提高沟通效率。

（2）在进行设计变更完成之后，利用变更后的 BIM 模型可自动生成并导出施工图纸，用于指导下一步的施工。

（3）利用软件的工程量自动统计功能，可自动统计变更前和变更后以及不同的变更方案所产生的相关工程量的变化，为设计变更的审核提供参考。

3. 基于 BIM 的竣工验收

BIM 竣工验收模型与工程竣工验收需求对应，模型应做相应的简化和调整，剔除冗余的信息。竣工验收阶段应在模型中完善的内容见表 1.1-2。

BIM 模型中所包含的信息 表 1.1-2

构件名称	几何信息	非几何信息
建筑主体	构件布置位置、结构分缝、结构层数、结构高度	项目基本结构信息（设计使用年限、抗震设防烈度、抗震等级、设计地震分组、场地类别、结构安全等级、结构体系等），结构荷载信息（风荷载、学荷载、温度荷载、楼地面荷载等），防火、防腐信息
钢筋混凝土结构构件	构件类型、几何尺寸、定位	构件材质信息（混凝土强度等级、钢筋强度等级），配筋及构造要求（钢筋锚固、连接方式等）、保护层厚度、节点构造做法等
钢结构构件	几何尺寸、定位、节点大样几何尺寸、连接件做法、预埋件、焊接件定位及尺寸	钢构件及钢材的出厂合格证及材料性能检测报告、焊接信息、安装信息

4. 基于 BIM 的结构分析

进行结构分析时，BIM 结构模型可以通过接口程序导入到计算软件中转换为计算模型，转换时一般需要对结构构件的类型和尺寸进行匹配，以便软件能够顺利识别构件的属性信息。计算模型创建完成后需要依据建筑条件在模型上附加设计荷载信息。某些计算软件能够与 BIM 建模软件对接，直接能够读取 BIM 建模软件中附加荷载信息的分析模型并进行结构分析。关于 BIM 结构分析的相关内容详见本书第 5 章。对于结构 BIM 模型，各实施阶段对结构构件详细程度的表达见表 1.1-3。

结构 BIM 模型各实施阶段构件详细程度 表 1.1-3

	建设阶段		
	初步设计	施工图设计	施工实施阶段
构件类型	1. 结构层数、构件布置位置、结构分缝、结构层数、结构高度 2. 增加特殊结构及工艺等要求：新结构、新材料及新工艺等	1. 结构设计说明及项目基本结构信息（设计使用年限、抗震设防烈度、抗震等级、设计地震分组、场地类别、结构安全等级、结构体系等），结构荷载信息 2. 增加结构材料种类、规格、组成等 3. 增加结构物理力学性能 4. 增加结构施工或构件制作安装要求等	1. 修改主要构件实际实施过程：施工信息、安装信息、连接信息等 2. 增加主要构件产品信息：材料参数、技术参数、生产厂家、出厂编号等 3. 增加大型构件采购信息：供应商、计量单位、数量（如表面积、体积等）、采购价格等

定位元素	轴网、标高体系	结构轴网、标高、构件编号标记、构件连接符号、剖面标头	详图索引标头、标高标头、注释标记、修订标记、中心线、平面法标注等	详图索引标头、标高标头、注释标记、修订标记、中心线、平面法标注等
结构基础	桩基础、筏形基础、条形基础、独立基础	基础的基本尺寸、位置	基础深化尺寸、定位信息、主要预埋件布置	实际精确尺寸和位置，主要预埋件的近似形状、实际位置，构件类型、截面形状、几何特性、高度、材料、材料强度等级、连接关系、保护层及配筋信息等
结构柱	混凝土框架柱、构造柱、垂直柱、斜柱、异形柱、钢结构柱	混凝土结构主要构件基本尺寸、位置	混凝土结构主要构件深化尺寸、定位信息、主要预埋件布置	精确尺寸和位置，主要预埋件的近似形状、实际位置，构件类型、截面形状、几何特性、高度、材料、材料强度等级、连接关系、保护层及配筋信息等
结构梁	混凝土结构梁、钢结构梁	混凝土结构主要构件基本尺寸、位置	混凝土结构主要构件深化尺寸、定位信息、主要预埋件布置	精确尺寸和位置，要预埋件的近似形状、实际位置，构件类型、截面形状、几何特性、高度、材料、材料强度等级、连接关系、保护层及配筋信息
结构墙体	混凝土剪力墙、地下连续墙、挡土墙、墙洞	混凝土结构主要构件基本尺寸、位置，主要结构洞大概尺寸、位置	混凝土结构主要构件深化尺寸、定位信息、主要预埋件布置	精确尺寸和位置，主要预埋件的近似形状、实际位置
结构板	楼面板、屋面板、车道斜板、悬挑板、板上开洞	混凝土结构主要构件基本尺寸、位置，物理属性、几何尺寸、表面材质颜色	混凝土结构主要构件深化尺寸、定位信息、主要预埋件布置	精确尺寸和位置，主要预埋件的近似形状、实际位置
结构节点	混凝土梁柱节点、钢结构节点	不表示，自然搭接。钢结构主要构件的基本尺寸、位置：柱、梁	钢结构主要构件深化尺寸、定位信息：梁、柱、复杂节点等	精确尺寸和位置
结构楼梯	板式楼梯、梁式楼梯	不表示	深化尺寸、定位信息：楼梯、坡道、排水沟、集水坑等	实际位置及尺寸
结构桁架	空间结构的桁架、网架等	空间结构的基本尺寸、位置	空间结构主要构件深化尺寸、定位信息	精确尺寸和位置
结构钢筋	混凝土结构构件配筋情况	不表示	钢筋平面表达，主要预埋件布置	钢筋节点锚固、截断及搭接

1.1.4 BIM 结构模型维护的方法

BIM 结构模型维护的常用方法是，结构设计师依据建筑模型创建相应的结构模型，此时结构模型仅包含几何尺寸信息，不包含材料、钢筋等信息，此时创建的模型称为"结构工程 BIM 几何模型"。将结构工程 BIM 几何模型通过信息交换软件（插件或专门的软件工具）导入 YJK、PKPM、Midas 等结构计算分析软件中完成模型的计算分析，将完成的分析模型再导入 BIM 建模软件（如 Revit 软件）中形成包含材料等信息的结构模型，继续完成模型的深化建模等。

1.2 BIM 结构模型的增删改

1.2.1 BIM 结构模型增删改方法

BIM 结构模型主要元素类型包括基础、梁、板、柱、墙、结构节点、桁架以及钢结构及节点如梁柱节点、柱脚、预埋件等。

1. 结构基础增删改的方法

结构基础分为独立基础、条形基础、筏板基础、桩基础等类型。

基础模型的建立包括定义构件、生成构件及放置构件三个步骤，构件的修改包括位置、尺寸及其他参数的修改。

实际工程中，基础模型参数应该包括基础形式、实际尺寸、混凝土强度等级、钢筋等级等参数，基础的钢筋配置在结构钢筋增删改中详述，见表 1.2-1。

结构基础模型参数信息

表 1.2-1

基础形式	参 数 信 息
独立基础	形状、尺寸、位置、埋深、混凝土强度等级、钢筋强度等级、保护层厚度等
条形基础	截面形式、位置、埋深、混凝土强度等级、钢筋强度等级、保护层厚度等
筏形基础	筏板厚度、与基础梁位置关系、布置形式、埋深、混凝土强度等级、钢筋强度等级、保护层厚度、集水坑的位置等
桩基础	承台平面布置形式、承台与桩材料、与桩的连接关系、桩长、成桩方法、桩身材料等

注：在计算分析软件里，还需要输入地层信息等。

2. 结构柱的增删改方法

结构柱根据其布置形式可以分为垂直柱和倾斜柱，根据材料可以分为混凝土柱、型钢柱、型钢混凝土柱等，根据截面形式又可分为矩形柱、圆形柱、异形柱等，根据结构形式分为框架柱、框支柱、构造柱等。

在进行结构柱的增删改操作时，首先需要根据其材料、截面形式、受力情况建立不同的柱构件，相应输入柱的材料信息、截面尺寸、混凝土强度等级、保护层的厚度等信息，然后进行平面及空间布置。

在计算分析软件里还需要柱的抗震等级、抗风信息、钢筋配置情况、约束边界条件、嵌固端、钢筋锚固长度及节点锚固构造要求等信息。

应注意，在建立结构柱构件时，为方便各种不同软件之间的对接和后期施工阶段施工流水段的划分、造价统计的要求，结构构件需要按照一定的规则尽可能的详细，方便后期拆分。

3. 结构梁与支撑增删改方法

混凝土结构梁按照受力形式分为框架梁、非框架梁、框支梁等。

结构梁模型的增删改同结构柱的步骤，一般模型建立需要输入的参数包括：梁截面尺寸、定位、混凝土等级、保护层的厚度等信息。

在分析时需要梁及支撑的自重信息、边界条件、配筋情况、预埋件等信息。

4. 结构板增删改方法

结构楼板包括板及板上开洞。

结构板构件的建立需要了解板构件的厚度、平面布置、板上开洞信息、混凝土强度、保护层厚度等。

分析模型需要输入板边界条件、传力方式、板钢筋布置、洞口加强、埋件信息等。

5. 结构墙增删改方法

混凝土墙体可分为剪力墙、砌体墙、地下室外墙、挡土墙等不同形式。混凝土剪力墙构件分墙身、墙柱、墙梁等。

结构墙的增删改需要根据墙体的材料、厚度、建立不同构件，然后对墙体各构件进行参数修改，包括墙体的厚度、墙体开洞、混凝土强度、保护层厚度等。

分析模型需要边界条件、洞口加强、配筋信息、埋件信息等。

6. 结构钢筋增删改方法

钢筋的建模需要依据现行国家标准《混凝土结构设计规范》GB 50010、《钢筋混凝土平法图集》11G101 系列图集等现行设计规范和标准进行钢筋配置。

钢筋的配置按构件不同而不同，在建立钢筋构建是需要对钢筋形态、根数、强度等级、间距、长度以及锚固形式进行编辑。

7. 钢结构及节点增删改方法

钢结构的建模可使用 Revit 和 Tekla 等软件，需要对钢结构构件的结合尺寸、定位、节点大样、连接件做法、焊接尺寸，如果竣工时还需要附件钢构件及钢材的出厂信息及材料性能检测报告、焊接信息以及安装信息进行补充。

1.2.2 BIM 结构模型增删改软件操作示例

下面 Revit 软件 2014 版本的操作为例，对 BIM 结构模型增删改的操作进行详细说明。

本书采用的模型样例的文件目录结构如下：

项目名称 ZBGC

结构地上部分：

ZBGC _ 19♯ _ ST _ F1 _ 0.000 _ S

ZBGC _ 19♯ _ ST _ F2 _ 6.000 _ S

ZBGC _ 19♯ _ ST _ F3 _ 11.100 _ S

ZBGC _ 19♯ _ ST _ F4 _ 16.200 _ S

结构地下部分：

ZBGC _ 19♯ _ ST _ 基础 _ −11.00 _ S

ZBGC _ 19♯ _ ST _ B1 _ −6.000 _ S

ZBGC _ 19♯ _ ST _ B2 _ 10.500 _ S

［结构工程专业施工图］19♯图纸 20141124。

1. 结构基础增删改操作示例

Revit Structure 中，在结构选项卡下有"基础"面板，有独立基础、条形基础、基础板三个命令，如图 1.2-1 所示。

图 1.2-1　Revit Structure 软件结构选项卡

（1）独立基础增删改

独立基础是独立的族，可以从族库载入不同类型的独立基础，包括具有多条桩和单桩的承台（桩帽）及桩基。

打开已经建立好轴网及标高体系的项目文件，在项目浏览器中双击结构平面视图中 B3（−14.95），打开 B3（−14.95）平面视图。

1）添加独立基础

① 在功能区，单击"结构"选项卡＞"基础"面板＞"独立"命令，如图 1.2-1 所示。

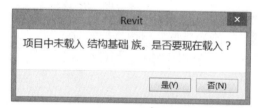

图 1.2-2　基础族载入

如果事先没有载入基础族文件，软件提示是否需要导入结构基础族，选择"是"，如图 1.2-2 所示，进入族载入界面，选择相应的独立基础族＞打开。

或者点击"修改｜放置独立基础＞模式＞载入族"命令，载入所需的基础族文件，如图 1.2-3 所示。

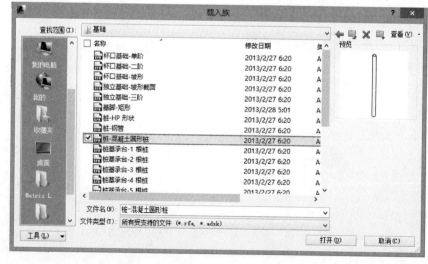

图 1.2-3　载入混凝土圆形桩基础族

② 从"属性"选项板上的类型选择器下拉列表中，选择"桩-混凝土圆形桩"，如图 1.2-4 所示。

在"实例属性"对话框中定义桩基础的标高、桩长、基础的材质等其他一些实例性参数，如图 1.2-5 所示。

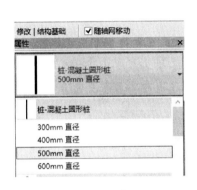

图 1.2-4　选择"桩-混凝土圆形桩"型号　　　图 1.2-5　桩-混凝土圆形桩"实例属性"对话框

单击"实例属性"对话框中的"编辑类型"，对桩基础的类型属性进行编辑，在"类型属性"对话框中对桩基的参数进行设置。

单击"复制"以创建新的构件，在"类型属性"对话框中定义"ZJ-1"，如图 1.2-6 所示。

单击"确定"按钮，输入"ZJ-1"的参数，如图 1.2-6 所示，设置完成后单击"确定"按钮即可。

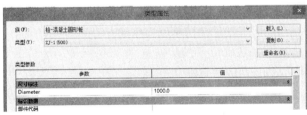

图 1.2-6　建立 ZJ-1 类型属性　　　　　　图 1.2-7　修改 ZJ-1 参数

③ 将桩基础放置在平面视图或三维视图中，放置完成后如图 1.2-7 所示。

在视图中放置独立基础，可以一个个将基础放置在所需位置，也可以批量完成基础的放置，在轴网处或者柱子上。

在轴网处单击"修改放置独立基础"选项卡＞"多个"面板＞"在轴网处"命令，如图 1.2-8 所示。

图 1.2-8　在"在轴网处"命令

图 1.2-9　单击"完成"命令

选择轴线已在轴网交点处放置桩基础，按 Ctrl 键一次选择一根轴线，或者使用从右下到左上的框选，然后单击完成按钮，如图 1.2-9 所示。

也可以单击"多个"面板上的"在柱上"命令，一次选择一条或多条柱，然后单击"完成"命令即可。按照同样的方法，建立其他桩基础构件。

【注意】　桩顶标高的设置可以关联相对标高的 0.00，然后设置相应偏移量即可。

2）修改独立基础属性

① 选择桩基础

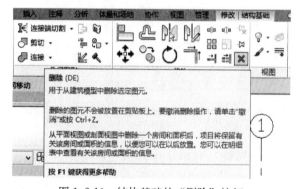

图 1.2-10　结构基础的"删除"按钮

② 在"属性"选项板中，编辑桩基础实例参数。

③ 单击"编辑类型"，编辑桩基础类型参数。

【注意】　对类型参数的修改会影响项目中此类型所有桩基础。可单击"复制"创建新的桩基础类型。

3）删除独立基础

选择桩基础，点选修改结构基础的"删除"按钮，如图 1.2-10 所示。

（2）条形基础

本案例工程 DQL 采用条形基础构件建立。

条形基础是结构基础类型之一，以墙为主体，可在平面视图或三维视图中沿着结构墙放置这些基础，条形基础被约束到所支撑的墙，并随之移动。

1）创建条形基础

① 单击"结构"选项卡＞"基础"面板＞"条形"命令，如图 1.2-11 所示。

② 从类型选择器下拉列表选择"条形基础类型"，如图 1.2-12 所示。

图 1.2-11　条形基础命令

【注意】　有些模板文件会让用户选择为挡土墙基础和承重墙基础，根据工程实际情况选择即可。

在"实例属性"对话框中，编辑基础的实例属性，单击"编辑类型"，如图 1.2-13 所示。

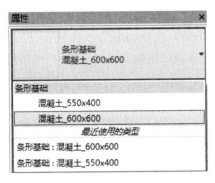

图 1.2-12　条形基础属性面板

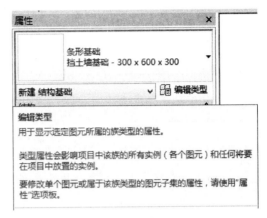

图 1.2-13　条形基础属性面板中"编辑类型"命令

在出现的"类型属性"对话框中，主要是编辑基础的"尺寸标注"，挡土墙基础和承重墙基础的标注参数不一样，所以先选择基础的结构用途，如图 1.2-14 所示。

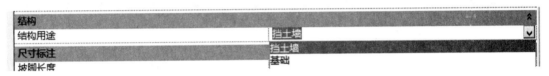

图 1.2-14　"类型属性"对话框

挡土墙、一般基础的条形基础尺寸参数如图 1.2-15、图 1.2-16 所示。

图 1.2-15　挡土墙尺寸参数

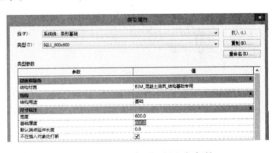

图 1.2-16　一般基础尺寸参数

③ 选取墙来布置条形基础，依次单击需要使用条形基础的墙体，也可以依次选择多面墙，单击"修改｜放置条形基础"选项卡＞"多个"面板＞"选择多个"命令，如图 1.2-17 所示。

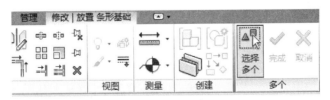

图 1.2-17　"修改｜放置条形基础"选项卡

按住 Ctrl 键，依次选择需要使用条形基础的墙体，如图 1.2-18 所示。
单击多个面板中的"完成"即可。

图 1.2-18　创建条形基础

【注意】　如果创建的条形基础超出活动视图的视图范围，会显示警告信息：

这是需要调整平面视图的视图范围，单击"属性"对话框中的"编辑"命令如图 1.2-19 所示。

单击"编辑"，出现如图 1.2-20 对话框，调整视图范围并确认即可。

【注意】　在输入条形绘制条形基础时，需要根据在墙体下方绘制，因此需要先绘制墙体，然后选择墙体放置条形基础。

2）修改条形基础

① 使用端点控制并编辑条形基础的长度，这些控制点显示为一些填充小圆，用于指示所选条形基础的端点附着在哪个位置，如图 1.2-21 所示。选择条形基础以显示其端点控制柄，再根据需要拖拽其中一个基础端点到所需位置。类似于 CAD 的夹点编辑。

图 1.2-20　结构平面的视图范围对话框

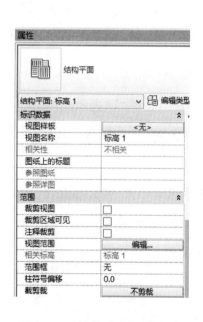

图 1.2-19　结构平面的属性面板

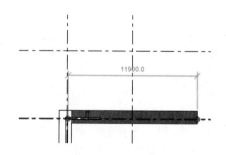

图 1.2-21　修改条形基础

② 条形基础在门和窗下打断，条形基础延伸到门、窗洞口下，如果需要打断，则先选中该条形基础，然后单击属性对话框中的编辑类型，在类型属性对话框中清除"不在插入对象处打断"选项，如图 1.2-22 所示。

（3）基础底板

基础板可用于建立平整表面上结构楼板的模型，这些板不许要其他结构图元的支座，基础底板也可用于建立基础形状的模型。

本工程案例可用基础底板绘制的构件有条形基础下部的垫层以及电梯井处筏形基础。

下面电梯井处的筏形基础绘制为例介绍基础板的建立。

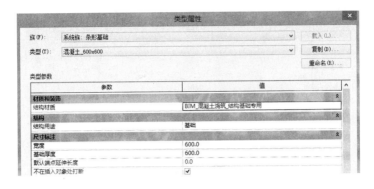

图 1.2-22　条形基础类型属性面板

单击"结构"选项卡＞"基础"面板＞"板"命令，如图 1.2-23 所示。

图 1.2-23　"结构"选项卡

"实例属性"对话框与前面基础形式对话框类似，"类型属性"对话框如图 1.2-24 所示，在类型属性对话框中单击"编辑"，对结构进行编辑，如图 1.2-25 所示。

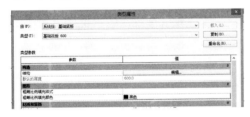

图 1.2-24　"基础底板"类型属性

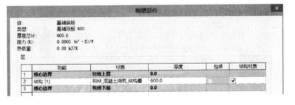

图 1.2-25　"基础底板"结构编辑对话框

单击材质框的三点按钮给结构添加材质，出现"材质"对话框，如图 1.2-26 所示。

选择需要的材质，单击"确定"按钮。

如果测量距离墙体核心的偏移值，在选项栏上勾选"延伸到墙中"，如图 1.2-27 所示。

如果基于轴线或墙体的偏移需要填写偏移量，正的向外，负的向内。

单击"修改创建楼层边界"选项卡＞"绘制"面板上的绘制工具，绘制基础底板的边界，草图必须形成闭合环或边界条件。边界绘制完成后，单击 ✔ 即可，如图 1.2-28 所示。

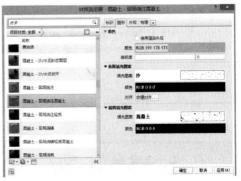

图 1.2-26　"材质"对话框

图 1.2-27 "墙体"修改选项卡

图 1.2-28 "修改创建楼层边界"选项卡

【注意】 将基础底板添加到其所在的标高之下,因此,如果在标高−6.00中添加了基础底板,则基础底板将添加在标高−6.00之下并在标高−6.00的平面视图中不可见,这时需要调整平面识图的识图范围。

2. 结构柱的增删改操作示例

Revit Structure 中,在结构选项卡下有"结构"面板,"柱"命令,如图 1.2-29 所示。

(1)混凝土结构柱的增删改

打开首层项目文件,单击结构平面下的 1F 进入 0.00 平面视图。

1)创建结构柱

单击"结构"选项卡>"结构"面板>"柱"命令,在"实例属性"对话框中,单击倒三角下拉菜单,选择需要的柱子类型,在单击"编辑类型"按钮,如图 1.2-30 所示。

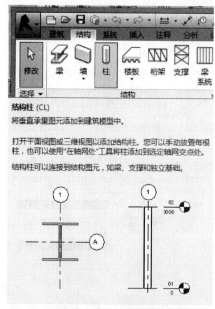

图 1.2-29 创建结构柱

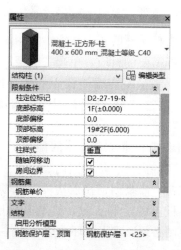

图 1.2-30 "实例属性"对话框

14

在"类型属性"对话框中，单击"复制"按钮创建新的柱子，单击"确定"按钮即可，然后在修改柱子的尺寸，如图1.2-31所示。

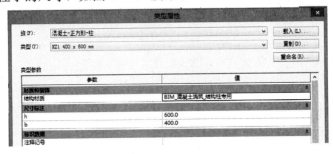

图1.2-31　"类型属性"对话框

【注意】　如果项目中没有所需要的柱子类型，那就需要载入相应的柱子到项目中，在"类型属性"对话框中单击"载入"按钮，如图1.2-32所示。

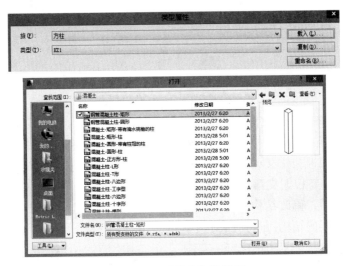

图1.2-32　"载入"柱类型

另一种载入方法，单击"插入"选项卡＞"从库中载入"面板＞"载入族"命令，如图1.2-33所示。

图1.2-33　"插入"柱族

出现同上对话框，插入即可。

2）放置柱

放置垂直结构柱

单击"修改放置结构柱"选项卡＞"放置"面板＞"垂直柱"命令，如图1.2-34所示。

图 1.2-34 ."修改放置结构柱"选项卡

在 Revit 中，柱会捕捉到现有的几何图形，将柱放置在轴网交点时，两轴网都会高亮显示。如果在放置后旋转柱，则勾选"放置后旋转"。

放置柱时，在放置柱之前按空格键可旋转柱。每次按空格键时，柱将发生旋转，以便与选定位置的相交轴网对齐，在不存在任何轴网的情况下，按空格键时会使柱旋转 90°。

跟独立基础一样，如果要一次性放置多根柱，使用"修改放置结构柱"选项卡＞"多个"面板中的"在轴网处"或在"柱处"命令。如图 1.2-35 所示。

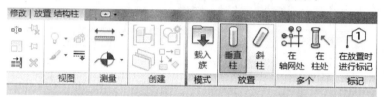

图 1.2-35 "修改放置结构柱"选项卡中的"多个"面板

3. 结构梁与支撑的增删改操作示例

梁是用于承重用途的结构构件。每个梁的图元都是通过特定梁族的类型属性定义，还可以修改各种实例属性来定义梁的功能。

Revit Structure 将根据支撑梁的结构图元，自动确定梁的"结构用途"属性。也可以在放置梁之前或之后，修改结构用途，在"修改｜放置梁"选项卡的选项栏"结构用途"的下拉菜单中定义梁的结构用途，如图 1.2-36 所示。

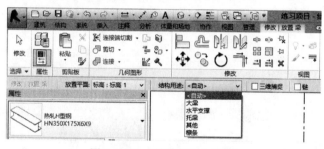

图 1.2-36 "结构用途"选项

（1）绘制单个梁

1）单击"结构"选项卡＞"结构面板"＞"梁"命令，如果以前没有载入结构梁族，需要先载入，方法同独立基础。如图 1.2-37 所示。

2）在"属性"选项板中，从类型选择器下拉列表中选择一种梁类型，修改梁参数。在"属性对话框"中，单击"编辑类型"按钮，在"类型属性"对话框中，复制创建新的梁构件，并修改尺寸。如图 1.2-38 所示。

3）在选项栏，从"结构用途"下拉列表中选择一个值，定义梁的结构用途。

图 1.2-37 "结构面板"中的"梁"命令

4）通过在绘图区域中单击起点和终点，绘制梁。当绘制梁时，光标会捕捉其他结构图元，例如，柱的中心或墙的中心线，状态栏中会显示光标捕捉的位置。

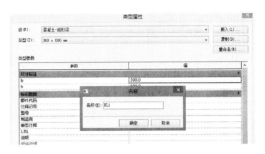

图 1.2-38 修改"梁名称"对话框

（2）使用"轴网"工具选择轴线，将梁自动防置在其他结构图元之间，例如在轴线上两条结构柱之间添加梁。

1）单击"结构"选项卡＞"结构"面板＞"梁"命令

2）单击"修改｜放置梁"选项卡"多个面板"＞"在轴网上"命令，如图 1.2-39所示。

图 1.2-39 点击"在轴网上"命令

3）选择轴网以放置梁，然后单击"修改｜放置梁"选项卡＞"在轴线上"＞"多个面板"＞"完成"命令。

4. 结构墙的增删改操作示例

在使用"建筑墙"工具时，Revit Structure 假设放置的是隔墙，默认的"结构用途"值都是"非承重"，如果使用"结构墙"，默认的"结构用途"是"承重"。

以下以电梯井剪力墙为例介绍：

新建结构墙体

（1）在"结构"选项卡＞"结构"面板＞"墙"命令的下拉菜单中的"结构墙"命令，如图 1.2-40 所示。

（2）可以从选项栏中预选结构墙的"高度"（顶部）或深度"底部"。

从列表框中选择"高度"或深度，然后使用右侧的"限制条件"列表，将墙顶部或底部的限制条件设置为"标高"或"未连接"。如果选择"未连接"请在"限制条件"列表右侧输入值来指定高度或深度。无连接高度、深度的测量是相对于当前标高进行的。如果要创建连续墙体，请在选项栏选择"链"。

（3）在"属性"选项板类型选择器下拉列表中选择墙的族类型，如图 1.2-41 所示。

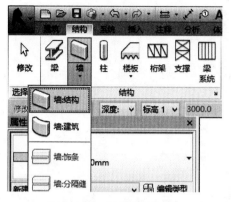

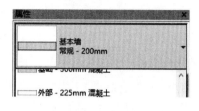

图 1.2-40 "结构墙"命令　　　　　　　　　图 1.2-41 "结构墙"属性面板

（4）单击"编辑类型"，在类型对话框中"复制"命令新建项目需要的墙体，如图 1.2-42 所示。

图 1.2-42 "结构墙"类型属性对话框

（5）在"编辑部件"对话框中对构件的功能、材质和厚度进行设定，如图 1.2-43 所示，单击"确定"按钮即可。

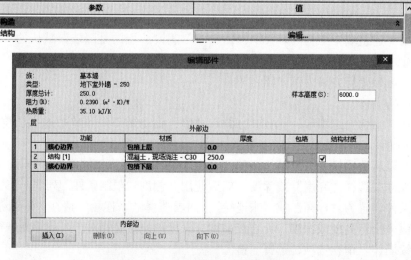

图 1.2-43 "结构墙"编辑对话框

【注意】 在 Revit 软件中，墙体的命名标准为："使用位置"＋"主体类型"＋"(饰面层厚度)＋主体厚度"，例如"外墙-页岩空心砖-(100)＋200"代表建筑外墙 200 厚页岩空心砖墙体（饰面厚度 100mm），在"编辑部件"对话框中，单击"插入"按钮，可以为构件添加饰面层，在功能栏中选择饰面层的功能，再给饰面层添加材质和定义厚度。

5. 结构板的增删改操作示例

结构板绘制

通过绘制结构楼板可以创建结构楼板。通过拾取墙或使用"线"工具，可以为楼板边绘制线。添加结构楼板步骤如下：

（1）单击"结构"选项卡＞"结构"面板＞"楼板"下拉列表＞"楼板结构"命令，如图 1.2-44 所示。

（2）在类型选择器中，指定结构楼板类型，并在"实例属性"对话框中指明结构楼板顶部相对于其所在标高进行偏移，如图 1.2-45 所示。

图 1.2-44 "楼板结构"命令

图 1.2-45 "结构楼板"属性面板

（3）绘制楼板边界

拾取墙：默认情况下，"拾取墙"处于活动状态，或者单击"修改｜创建楼层边界"选项卡＞"绘图"面板＞"拾取墙"命令，如图 1.2-46 所示。

图 1.2-46 "修改｜创建楼层边界"选项卡

在绘图区域中选择要做的楼板边界的墙体，如果要依次选择一连串墙，就把光标放在墙上移动，按 TAB 键，以便高亮显示整个链，然后单击。

绘制边界：要绘制楼板轮廓，单击"修改｜创建楼层边界"选项卡＞"绘制"面板，然后选择绘制工具，如图 1.2-47 所示。

楼板边界必须为闭合环，线之间不能彼此相交，否则系统会出现右侧的错误提示框，如图 1.2-48 所示。

这时单击"继续"按钮，然后利用"修改｜创建楼板边界"选项卡＞"修改"面板＞"修剪"命令，对边界进行修改。如果要在板上开洞，可以在需要开洞的位置绘制另外一

图 1.2-47 "绘制"面板中的绘制工具

图 1.2-48 错误提示对话框

个闭合环。

（4）在选项栏上，指定楼边边缘的偏移作为"偏移"，负数表示向内偏移，正数向外，使用"拾取墙"时，可选择"延伸到墙中（至核心层）"测量到墙核心层之间的偏移。

（5）单击"修改｜创建楼板边界"选项卡＞"模式"面板＞"完成"命令。

6. 结构钢筋的增删改操作示例

混凝土柱、梁、墙、基础和结构楼板中的钢筋，可以在"结构"选项卡的"钢筋"面板上使用"钢筋"工具，如图 1.2-49 所示。

图 1.2-49 "结构"选项卡的"钢筋"面板

钢筋形状用于在项目定义钢筋类型实例的布局，混凝土构件配筋的常规流程如下：

① 创建一个视图（剖面视图），用于剖切将要配筋的混凝土图元，如图 1.2-50 所示。

图 1.2-50 创建剖面视图

② 单击"修改＜图元＞"选项卡＞"钢筋"面板＞[图标]绘制钢筋。

③ 在放置钢筋选项栏中，单击选项框后面的"启动/关闭钢筋形状浏览器"图标，打开钢筋形状浏览器，选择所需的钢筋类型，如图 1.2-51 所示。

图 1.2-51 "启动/关闭钢筋形状浏览器"图标

如果钢筋形状浏览器中缺少所需要的钢筋形状，可以通过载入的方式添加，即单击"修改|放置钢筋"选项卡＞"族"面板＞载入形状，如图 1.2-52 所示。

④ 在选项栏上的"钢筋形状类型"下拉列表或"钢筋形状浏览器"中，选择所需钢筋的形状。

⑤ 在需要配筋的主体截面上单击即可完成主体配筋。如果放置时，钢筋的布置方向不满足要求，可通过放置时按空格键，以便在保护层参照中旋转钢筋形状的方向，或者在放置后，通过再次选择钢筋，使用空格键来切换方向。

⑥ 钢筋长度默认为主体图元的长度，或者保护层参照限制条件内的其他主体图元的长度，若要人工编辑钢筋长度，可在平面或立面视图中选择钢筋实例，然后根据需要拖拽其两端点。

（1）放置平面钢筋，在"修改|放置钢筋"选项卡＞"放置方向"面板，如图 1.2-53 所示。

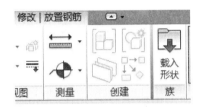

图 1.2-52　载入钢筋形状

图 1.2-53　钢筋"放置方向"面板

（2）修改钢筋：用钢筋形状控制柄调整钢筋形状，要使用控制柄，先选择钢筋实例。

（3）选择新的钢筋形状

1）选择要修改的钢筋。

2）从选项栏上的"钢筋形状类型"下拉列表选择新形状。

（4）选择新的钢筋类型：选择要修改的钢筋，在类型选择器的"属性"选项板顶部，选择所需的钢筋类型。

（5）修改钢筋草图

1）选择要修改的钢筋。

2）单击"修改|结构钢筋"选项卡＞"模式面板"＞"编辑草图"命令，选定钢筋处于草图模式下。

3）使用"修改＜图元＞"选项卡上到的工具，调整钢筋草图。

4）单击"修改结构钢筋"＞"编辑钢筋草图"选项卡＞"模式"面板完成编辑模式。如图 1.2-54 所示。

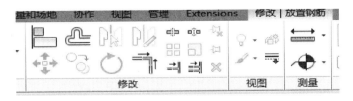

图 1.2-54　"编辑钢筋草图"选项卡

由于篇幅有限，以下以柱配筋为例介绍钢筋的增加：

1. 用速博软件建立梁钢筋

柱钢筋对话框如图 1.2-55 所示，用于生成柱钢筋的对话框包含 3 个主要部分：

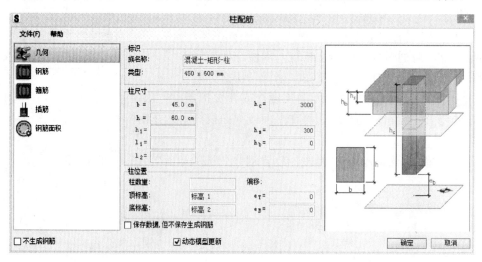

图 1.2-55　柱配筋对话框

图 1.2-56　选择用于定义柱配筋的组件

1）左侧包含选项，可选择用于定义柱配筋的组件，如图 1.2-56 所示。

2）在中间部分，可以定义柱和配筋的参数（取决于选定的构件）。

3）在右侧是定义的 RC 柱和生成柱配筋的图形视图。

（1）纵筋

纵向钢筋的参数包括钢筋的类型、直径和材质、弯钩（在柱的顶部和底部）柱截面的钢筋数量（n_b 和 n_h）如图 1.2-57 所示。

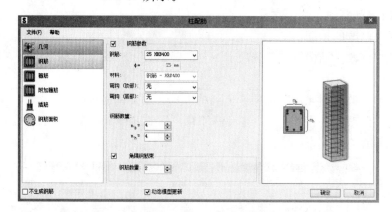

图 1.2-57　柱纵筋配筋对话框

（2）箍筋

软件会自动识别结构的几何尺寸，因此对话框的参数设置都是灰显，无法设置。

【注意】 在对话框下部提供"不生成钢筋"选项,仅当尚未生成参数化钢筋且混凝土构件中存在其他类型的钢筋(如预制构件)时,才能使用该选项。

单击 Extensions 选项卡＞Autodesk Revit Extensions 面板＞"钢筋"工具下拉菜单"梁"命令,在"梁配筋"和"柱配筋"对话框依次对梁配筋和柱配筋进行设置,如图1.2-58和图 1.2-59 所示。

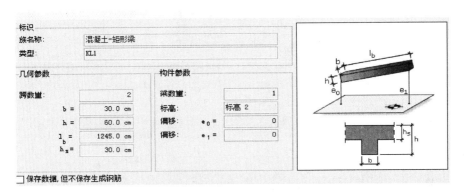

图 1.2-58 "梁配筋"对话框

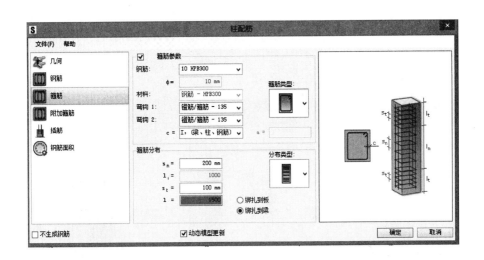

图 1.2-59 配置箍筋

(3) 附加箍筋

如果在"钢筋"选项卡上单边钢筋数量大于 2 时才会出现此选项,此选项卡用于柱内的中部钢筋布置拉筋,主要用于固定中部纵筋,增强柱内总纵筋的整体性。生成的箍筋显示在右窗查看器中。如图 1.2-60 所示。

单击"添加"或者"修改"按钮,可以定义新钢筋构件或修改现有的钢筋构件,这将打开"箍筋定义"对话框以定义参数,如图 1.2-61 所示。

(4) 插筋

如果基础的上方有柱子,则会出现"插筋"选项,如图 1.2-62 所示。

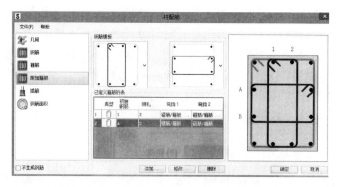

图 1.2-60　生成的箍筋显示在右窗查看器中

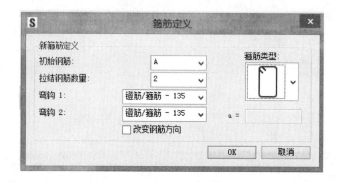

图 1.2-61　定义新钢筋构件

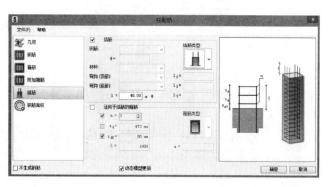
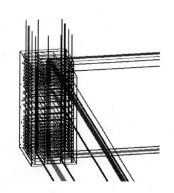

图 1.2-62　"插筋"选项

修改完柱各配筋参数，点击确定完成框柱的配筋。

2. 用 Revit 自带命令建立梁钢筋

在"项目浏览器中"双击标高 1 平面视图，由于柱子标高均为标高 1 以上的，而手动配筋必须在构件的剖面中进行，所以可以重新设置一个平面视图，使它能剖切到该层的柱子。

（1）设置保护层厚度

单击"结构"选项卡下"钢筋"面板中的"保护层"命令，然后单击"编辑保护层设置"按钮，如图 1.2-63 所示。

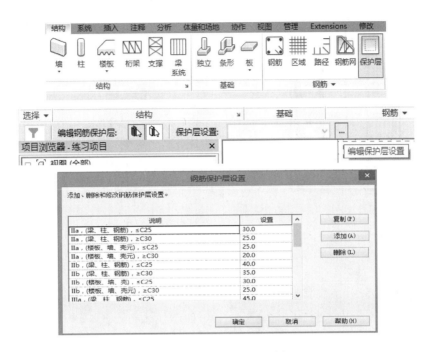

图 1.2-63　设置保护层厚度

（2）添加箍筋

单击"结构"选项卡下"钢筋"面板的"钢筋"命令，然后在"属性"面板中设置箍筋的直径，并在"钢筋形状浏览器中"选择所需要的钢筋形状，如图，单击放置钢筋，按空格键以"翻转/旋转"，放置好后如图 1.2-64 所示。

在设置箍筋时，在"修改｜结构钢筋"选项卡下的"钢筋集"面板中设置箍筋的间距，如图 1.2-64 所示。

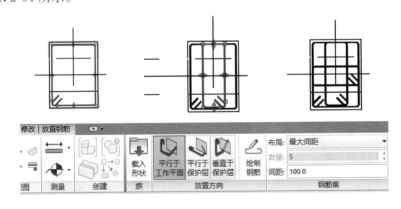

图 1.2-64　添加箍筋

箍筋放置完后，来放置纵筋。

单击"结构"选项卡下"钢筋"面板的钢筋命令，然后在"钢筋形状浏览器"中选择所需要的钢筋形状，如图 1.2-65 所示。

如此柱子的配筋就完成了。

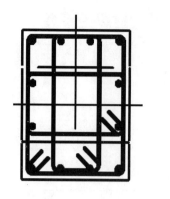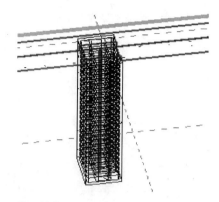

图 1.2-65　放置纵筋

2 BIM 模型数据交换

2.1 BIM 模型数据交换概述目的

2.1.1 BIM 模型数据交换的分类与目的

BIM 模型数据交换分为：BIM 应用在不同阶段及不同行业间的交换、同一阶段内不同专业间的数据交换、同一阶段同一专业内各专业工具间的模型数据交换。

BIM 应用阶段间的交换要求上游建立、完善 BIM 模型数据时，要把本阶段完成的任务中对后续阶段有应用价值的数据信息附加到 BIM 模型上，然后再往下一阶段传递模型数据。阶段间的模型数据交付应确定有明确的版本信息，并有审核交付手续。BIM 应用阶段间模型数据交换情景如：设计阶段 BIM 模型数据交付给施工、施工 BIM 模型数据交付给运维、运维模型与数字城市模型的数据交换等。对于结构设计专业要传递给后续阶段的模型信息如基础设计信息、构件钢筋设计信息等。

同一阶段内不同专业间的数据交换的目的是对专业间共同关心的设计对象进行协同处理，以保证交付 BIM 模型中各专业数据间的协同一致性。应用场景如：在设计阶段，BIM 建筑模型与 BIM 结构模型间的数据交换、BIM 结构模型与 BIM 机电模型间的数据交换等。第三层次的 BIM 模型数据交换是指同一阶段同一专业内，针对不同设计对象采用各专业工具时需要的数据传递，保持专业数据的连续性。如：结构设计阶段，结构工程专业的建模与计算之间、结构计算与施工图绘制之间、结构计算与基础设计之间等模型数据的传递。本书主要针对第三层次的 BIM 模型数据交换。

2.1.2 BIM 模型与 BIM 模型数据交换方法

结构工程的主要工作阶段在设计阶段，以下就以设计阶段结构工程专业的 BIM 模型数据交换进行分析举例。

考虑到当前设计流程中，各专业设计是相对独立、分团队进行的，并且还要考虑到与设计者手中已有的各种专业设计软件相衔接，所以从模型体系上设计阶段至少应划分为：BIM 建筑模型、BIM 结构模型、BIM 给水排水模型、BIM 暖通空调模型、BIM 电气模型等，并要有相应专业平台承载这些模型。要实现这些专业平台间的数据协同与快速有效的数据交换就需要有下层 BIM 基础平台的支持，负责各专业平台间数据的传递与转换。可依靠 BIM 基础平台来完成专业平台间的模型参照、引用；模型变更通知；模型创建、修改、审查等权限的设定；同一专业内的多人共同工作的管理；专业间提资、返资及里程碑版本的管理；专业间冲突检查等诸多功能。

结构工程专业设计平台包括了建模、基础设计、结构分析与设计、施工图绘制等多个专业设计部分。从结构设计的特点出发，将结构设计部分的模型又划分为用户模型、设计模型、分析模型与施工图模型。这几个模型都是独立存在的，又是互相关联的。除施工图模型外，用户模型、设计模型、分析模型是通常结构设计中逐步深化的过程：

1）用户模型：用户针对目标工程建立的初始模型，通过图形、文本等交互方式实现，包含结构工程专业相关的基本几何信息和荷载信息。用户模型侧重于表达工程属性，选用程序应以符合结构工程专业设计习惯、操作方便且便于与其他各专业的协同为基本原则。

2）设计模型：该模型主要为适应对结构进行基于规范的设计的需求，对用户模型进行转换和补充，能完整体现目标结构规范设计属性的模型。设计模型侧重于表达设计属性，选用程序应以紧密贴合规范为基本原则，并提供尽量丰富的高于规范的个性化功能，以满足高端用户的需求。

3）分析模型：对设计模型进行转换，屏蔽设计属性，补充力学属性，用于力学计算和有限元分析的模型。分析模型侧重于表达力学属性，选用程序应以纯粹、高效、通用为基本原则。

施工图模型：更多的出于图纸表达及实际施工过程的相吻合，是在用户模型上按实际建造深化、加工的模型，是一个精细的用户数据模型。

结构工程专业设计平台作为 BIM 结构模型的载体，在 BIM 模型数据交换中应具备以下两方面的功能：

1）专业间的数据交换功能：要能完成专业间模型数据的参照、引用，模型变更通知等 BIM 模型数据的传递。例如：能参照建筑模型完成结构模型的建立、能从机电诸模型中获取设备荷载信息等。

完成专业间 BIM 模型数据的传递，是指基于专业间对所关心的设计对象元素能相互识别、定义上有互转性。例如建筑模型转换为结构模型时，相应软件应完成坐标系的对应转换、共享构件关系的建立、非承重构件及功能区面荷载的形成等。又如机电模型要提供给结构模型设备桥架安装位置及选用设备重量、大型设备安装运输通道等等。再如在多个专业间要共同协商确定墙洞、板洞的位置大小等。

与结构工程专业内数据交换有较大差别的是，除数据交换外，有时需通过 BIM 基础平台辅助以提供几何描述与文字描述的信息传递交流，而不是仅有数据的传递。

2）在结构工程专业内的数据交换功能：针对建模、结构计算分析与设计、基础设计、施工图绘制等多个结构工程专业设计完成数据的传递与共享。例如：基础设计中能读取上部结构的分析计算结果、施工图绘制中能读取结构计算与设计结果等。目前已有许多结构软件在自有体系内实现了各结构模型间的数据流通。

对复杂结构，规范要求用不同的模型进行抗震计算。为避免重复建模，设计人员往往把结构用户模型在不同软件间转换。需注意的是，由于不同软件由用户模型转化到设计模型的方法不同，得到的设计模型会有出入，这会较大地影响软件间结果的一致性，此时设计人员应从对比设计模型入手，分析、判断结果的合理性。

2.1.3 BIM 模型数据交换标准

我国的标准体系分为国家标准、行业标准、地方标准、企业标准，BIM 模型标准也不例外，目前阶段我国大部分 BIM 标准还处于制定过程中。

BIM 模型的国家标准由《建筑工程信息模型应用统一标准》、《建筑工程信息模型存储标准》、《建筑工程设计信息模型分类和编码标准》、《建筑工程设计信息模型交付标准》和《建筑工程施工信息模型应用标准》等组成。《建筑工程信息模型应用统一标准》主要从模型体系、数据互用、模型应用等方面对 BIM 模型应用做了相关的统一规定，提高信息应用效率和效益，便于 BIM 的推广。《建筑工程信息模型存储标准》是为统一 BIM 软件输出的通用格式，规范输入、输出信息的内容、格式以及安全的要求。《建筑工程设计信息模型分类和编码标准》是为统一各专业的建筑信息，进行了统一分类与编码，以利于各专业间对建筑信息的相互识别。《建筑工程设计信息模型交付标准》是为各专业之间的协同、工程设计参与各方的协作以及质量管理体系中的管控、交付过程等一系列交付行为提供一个具有可操作性的、兼容性强的统一基准；另外它对 BIM 模型数据的精度等级进行了划分，可用于评估 BIM 模型数据的成熟度。《建筑工程施工信息模型应用标准》适用于工业与民用建筑、机电设备安装工程、装饰装修工程等施工阶段、竣工阶段的建筑信息模型应用。

BIM 模型行业标准如：P-BIM 系列 BIM 实施标准。它是针对各专业领域内以完成 BIM 专项任务为目的而具体定出的实施细则。

BIM 模型地方标准为各地为推广本地 BIM 应用而制定的 BIM 相关标准，是对应国家标准而本地化的地方标准。如：北京地方 BIM 标准《民用建筑信息模型（BIM）设计基础标准》、《天津市民用建筑信息模型（BIM）设计技术导则》等。

这些标准是为保证 BIM 模型数据在交换中，统一交换数据格式、规范信息内容、减少信息丢失、提高信息应用效率。

2.2 BIM 模型数据导入

2.2.1 BIM 模型数据导入方法

1）从建筑专业 BIM 模型生成结构工程专业 BIM 模型：

一般的民用建筑设计中，都是以建筑专业为主导进行的。当建筑专业完成方案设计提交给结构工程专业后，结构设计人员将建筑模型参照或导入生成结构模型，工作的核心是在建立结构模型过程中，通过参照建筑模型，辅助建立起结构设计需要的结构用户模型。转换模型数据时重点要关注：

① 结构模型坐标系的确定

在 XY 水平坐标系中，建筑模型与结构模型都是以建筑轴线为定位方式的，对次一级轴线以外的结构网格线位置选定时，应考虑竖向构件力的传递连续性再确定合理的位置。对于竖向的 Z 坐标体系，建筑是以建筑地面标高为楼层标高，结构是以楼板顶面为结构层标高，二者相差了一个地面做法厚度，并且建筑第二层的地面是结构第一层的顶。例如：例题模型中的第二层建筑标高为 6.00m，地面做法为 50mm 厚，则对应结构的第一层顶标高应为 5.95m。标高的不同还会对墙体洞口的竖向定位有一定影响，例如墙洞口布置对本层地面高度建筑图与结构图会有 50mm 差别。

② 转换构件选择及截面定义、偏心设定

建筑构件的定义是针对建筑构件的最外层形状给出的，结构构件的截面尺寸必然要小于等于建筑给出的尺寸。转换时可选择先等同截面转换然后在结构模型中再修改调整截面，也可在转换时就给出新的结构截面形状与尺寸。

在对柱、墙等竖向构件选择布置偏心位置时，结构与建筑模型中也可能取不同的数值，结构中需要综合考虑竖向构件在全楼上下有明确的、连续的传力路径后再给出合理的定位信息。

③ 功能区对应下层楼面荷载选择

转换生成荷载时要注意，由建筑的功能区而确定的楼面荷载，是作用在下一层结构楼板上的。同样对于由填充墙生成的线荷载，也是作用在下一层结构的构件上的。

2）结构各专业模型间的转换

结构工程专业内的用户模型、设计模型、分析模型、施工图模型等模型的转换生成，最核心的还是设计模型的生成。由用户模型生成设计模型重点关注构件偏心的处理，荷载作用位置正确，短柱、短梁、短墙等容易造成计算异常的小构件单元处理是否适宜等。设计模型关系到与规范的具体对接，必须予以重视。对分析模型主要关注单元划分的合理性，包括墙、板单元的疏密、形状等。施工图模型则需关注与建造相关的构件合理划分、归并结果。

2.2.2　BIM 模型数据导入软件操作示例

下面以 PBIMS 软件系统为例，简要介绍 BIM 建筑模型数据向结构工程专业导入的方法，具体操作如下：

1）通过在 PBIMS 中建模或导入其他软件（ArchiCAD、Revit、天正等）的建筑模型。例如已有 Revit 模型时，可通过安装在 Revit 中的插件，按如下操作得到 PBIMS 的建筑模型。

点取 Revit 下拉菜单的"附加模块"——→再选"外部工具"——→"RevitExporter"。如图 2.2-1、图 2.2-2 所示。

再在弹出的对话框中确定要转换构件种类及选取 PBIMS 提供的空白种"PBinterface. db"即可生成新的含模型数据的"PBinterface. db"文件。如图 2.2-3、图 2.2-4所示。

在 PBIMS 建筑平台中，点取左上 PBIMS 图标，在弹出的菜单中选"导入外部模型"，选前面在 Revit 中得到的新的"PBinterface. db"，即可得到 PBIMS 的建筑模型。

2）在 PBIMS 中切换到建筑转结构菜单，并补充转换信息，如图 2.2-5 所示。在建筑模型导入到结构模型时，需要时可进行一些信息补充，如填充构件定义等，如图 2.2-6 所示。可在设置墙体类型后，选择对应墙体即可完成指定，以便于后期填充墙直接转化为荷载。

3）BIM 建筑模型导入结构

在完成转换信息补充后，即可执行"建筑转结构"菜单。在"建筑转结构"菜单中可按弹出的对话框进行基本信息设置、楼层标高修改以及结构构件尺寸调整等。（参看图 2.2-7）

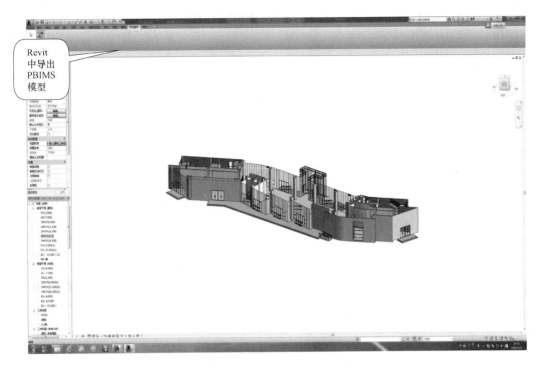

图 2.2-1　Revit 中导出 PBIMS 模型

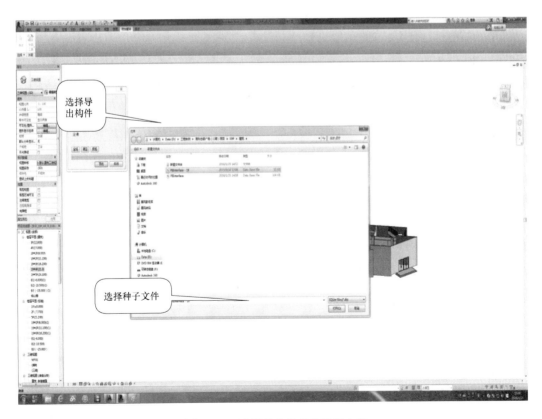

图 2.2-2　选择导出构件及种子文件

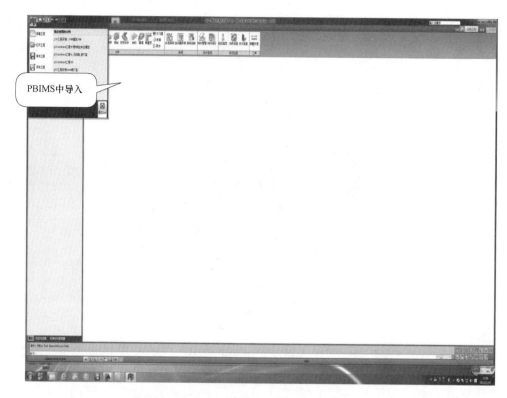

图 2.2-3　PBIMS 中导入 Revit 生成文件

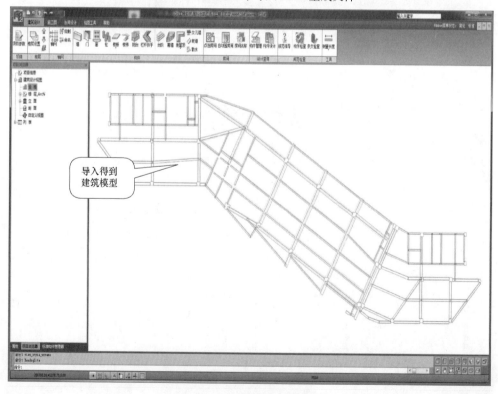

图 2.2-4　得到建筑模型

图 2.2-5　建筑转结构菜单

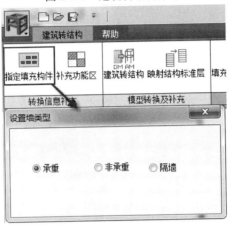

图 2.2-6　指定填充构件

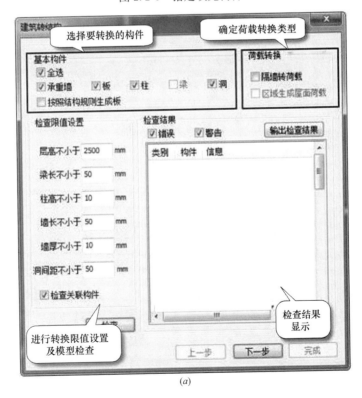

(a)

图 2.2-7　建筑转结构（一）

（a）基本信息指定

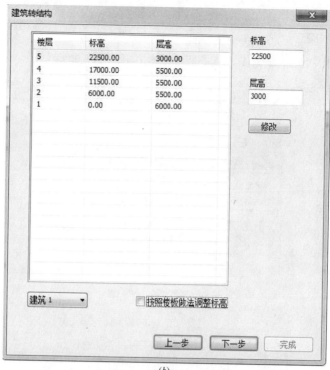

(b)

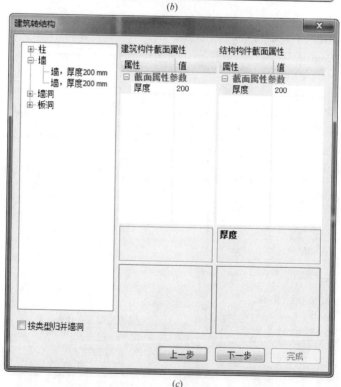

(c)

图 2.2-7 建筑转结构（二）

(b) 楼层标高修改；(c) 结构构件尺寸统一修改

通过以上步骤，即可在 PBIMS 软件中完成结构工程专业 BIM 模型的数据导入。如图
2.2-8 所示。

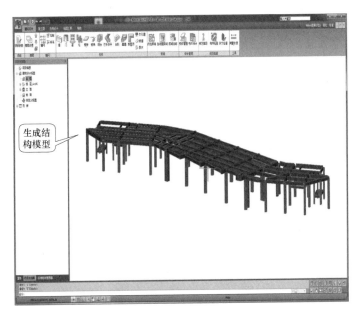

图 2.2-8　生成结构模型

2.3　基于标准中性文件的 BIM 模型数据交换

2.3.1　基于标准中性文件的 BIM 数据模型交换方法

标准中性文件是指文件格式、内容公开，不依赖其他工具软件就可实现读写操作。我
国将要发布的存储标准就是规定了一种标准中性文件。目前国际上在建筑行业中较通用的
是 IFC 格式文件，在更广泛的基础设施领域还有 i-model 格式文件等。

IFC（Industry Foundation Classes）是工业基础类的缩写。是由 IAI 组织（the Inter-
national Alliance for Interoperability）——国际协同联盟建立的标准名称，它一个公开的、
结构化的、基于对象的信息交换格式。通过 IFC，在建筑项目的整个生命周期中提升沟
通、生产力、时间、成本和质量，为建筑专业与设备专业中的流程提供信息共享建立一个
普遍意义的基准。IFC 由数据格式、语义扩展、数据访问接口、测试规范等几方面组成。
目前较多的应用还是处于文件方式的交换，常用的国外软件都支持 IFC 格式文件的导入、
导出。IFC 格式文件的特点：

① 全球可用——IFC 是一个描述 BIM 的标准格式的定义；

② 贯穿项目全生命期——IFC 定义建设项目生命周期所有阶段的信息如何提供、如
何存储；

③ 不同应用软件之间——IFC 细致到记录单个对象的属性，IFC 可以从"非常小"
的信息一直记录到"所有"信息；

④ 横跨所有专业——IFC 可以容纳几何、计算、数量、设施管理、造价等数据，也可以为建筑、电气、暖通、结构、地形等许多不同的专业保留数据；i-model 文件是 Bentley 公司开发的对基础设施信息进行开放式交换的文件格式。不管应用程序或技术平台是什么，项目团队成员均可利用这种载体共享复杂的项目数据和信息并与之交互。

i-model 的特点是：

⑤ 自我描述——它自身带有相关的数据模型规范来描述其内容，无需原始应用程序就可以解释或查询 i-model 里的内容；

⑥ 可追溯性——i-model 文件中包含来源、时间、范围、目的以及历史，也就是说，i-model 知道自己是从哪来的；

⑦ 移动性——i-model 可以看作是信息交换的"货币"，它可以在用户联合化的工作流程中帮助实现信息移动性，可以在桌面上或是在现场进行访问；

⑧ 精准性——在不损害真实性的情况下，i-model 提供精确的二维和三维几何图形、业务属性以及图形之间的关系；

⑨ 安全性——i-model 是用来信息交换而不是为了后期修改用的，它是特定时间、特定阶段的一个设计项目"快照"，所有 i-model 都是只读的，数字权限和签名技术可以实现安全、可靠的项目信息交换；

⑩ 开放性——Bentley 提供 SDK 来让第三方软件供应商来从他们的软件产品中创建 i-model，像 AutoCAD、Revit、PKPM 等软件中都已植入相应插件。

2.3.2 基于标准中性文件的 BIM 数据模型交换软件操作示例

1) 在 Revit 中导出由 ArchiCAD 生成的 IFC 文件具体操作如下：

进入 Revit 并打开模型，点击左上 Revit 图标处，出现如下的左侧菜单，选"导出"，再在第二级菜单中选"IFC"，输入文件名后即可得到"IFC"文件。如图 2.2-9 所示。

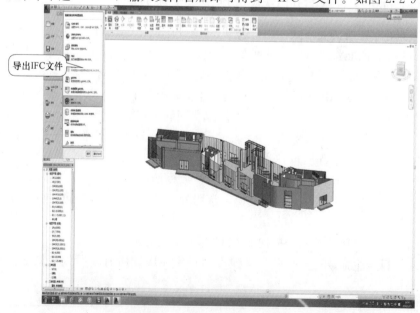

图 2.2-9 Revit 中导出 IFC 文件

2）在中国建筑科学研究院 PKPM 的 V3.1 版建模软件中发布导出 i-model 文件，具体操作如下：

进入建模界面，点击左上 PKPM 图标处，出现图 2.2-10 界面：

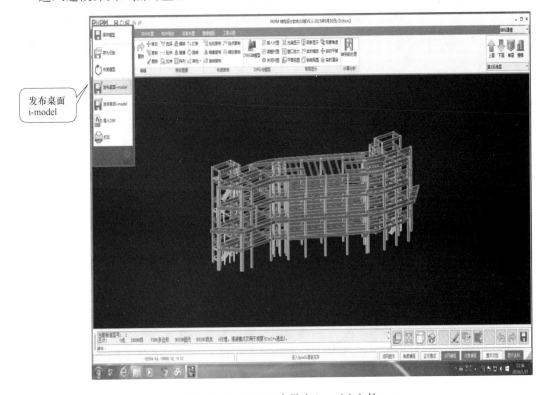

图 2.2-10　PKPM 中导出 i-model 文件

点击后可一键生成 i-model 文件。

3 基于BIM的碰撞检查

3.1 基于BIM的碰撞检查概述

碰撞检查是指提前查找和报告在工程项目中不同部分之间的冲突。通过碰撞检查可以使多专业之间进行更为及时与有效的联系，在设计过程中不断地将不同专业的设计同步更新与优化。碰撞检查在多专业协同设计中担当的是制约与平衡的角色，使多专业设计"求同存异"，这样随着设计的不断深入，定期地对多专业的设计进行协调审查，不断地解决设计过程中存在的冲突，使设计日趋完善与准确。这样，各专业设计的问题得以在图纸设计阶段解决，避免了在日后项目施工阶段返工，可以有效缩短项目的建设周期和降低建设成本。使用BIM技术可以消除40%的预算外变更，通过及早发现和解决冲突可降低10%的合同价格，消除变更与返工的主要工具就是BIM的碰撞检查。

碰撞检查是协同设计过程能否有效实施的关键因素，确保多专业之间协作能更有效进行。碰撞分硬碰撞和软碰撞（间隙碰撞）两种，硬碰撞指实体与实体之间交叉碰撞，软碰撞指实体间实际并没有碰撞，但间距和空间无法满足相关施工要求的碰撞。

目前BIM的碰撞检查应用主要集中在硬碰撞。通常碰撞问题出现最多的是安装工程中各专业设备管线之间的碰撞、管线与建筑结构部分的碰撞以及建筑结构本身的碰撞。结构工程专业自身的碰撞检查主要是针对三维实体钢筋碰撞的检查。结构工程专业与其他专业间的碰撞检查一般应用在结构构件与建筑构件或设备专业的管线等构件之间的碰撞检测，这些碰撞检查都属于硬碰撞的范畴，而针对结构构件净空高度的限制等内容，例如梁下高度限制等要求就属于软碰撞的检查范畴。

基于BIM的结构工程专业碰撞检查的方法一般通过应用BIM软件实现，一种是专业的BIM协同平台，将多专业模型汇总在一个平台上进行碰撞检测。另一种是在建模的同时同步完成碰撞检测，在建模软件中即可完成。利用BIM软件将结构工程专业三维模型或整合的所有专业模型，通过软件内置的逻辑关系自动查找出碰撞的过程，即所谓的基于BIM的碰撞检查。

3.2 本专业内的碰撞检查

3.2.1 本专业内碰撞检查方法

结构工程专业的碰撞检查是在BIM基础模型上进行的，这是能够准确进行碰撞检查的先决条件。结构工程专业的碰撞以模型的自查为主，在相关 BIM 技术碰撞检测软件中打开结构工程专业模型，通过设置一定的碰撞规则，对结构模型自身的问题进行处理。

3.2.2 本专业内碰撞检查软件操作示例（略）

3.3 不同专业之间的碰撞检查

3.3.1 不同专业之间碰撞检查方法

1) 建筑设计专业模型与结构工程专业模型的碰撞检查：建筑设计专业也可以使用碰撞检查工具，以核实建筑图元是否与结构构件存在碰撞冲突。通过这种工作模式，能有效的解决建筑造型与结构构件之间的矛盾。在做碰撞检查时需注意易发生碰撞的类型：

- 柱网的碰撞：建筑专业柱网与结构工程专业柱网是否一致。
- 主要建筑构造配件和结构构件的碰撞：如隔墙、门窗、挑廊、楼梯、电梯、自动扶梯、中庭、阳台、雨篷、坡道、下沉广场、天井等与结构梁、结构柱之间在布置上是否冲突，能否实现，实现方法是否准确。
- 变形缝位置与结构布置的碰撞。
- 人防的设置与结构布置的碰撞：人防布置、防护门、防护密闭门、口部。
- 构造柱、过梁在结构建模时的缺失。
- 建筑预留孔洞与结构板的碰撞。

2) 结构工程专业模型与设备专业模型的碰撞检查：碰撞检测的方法是将设备专业模型与结构工程专业模型汇总在一起，通过在软件中设置碰撞限制条件，自动审查结构和设备专业构件之间的冲突和碰撞。在做碰撞检查时需注意易发生碰撞的类型：

暖通专业：

- 暖通风管与结构核心筒、剪力墙等构件的碰撞。
- 暖通热力入口与结构墙、结构板的碰撞：采暖管沟位置、尺寸。
- 主要通风竖井、地沟等与结构梁、结构板的碰撞。
- 主要风管的建筑限制高度与结构梁的间隙碰撞。

电气专业：

- 电气穿墙预埋套管与结构板、结构墙的碰撞。
- 结构局部降板要求与结构板，结构梁的间隙碰撞。

给水排水专业：

- 给水排水管道与结构基础的碰撞。
- 给水排水管道的限制高度与结构梁、结构板的间隙碰撞。
- 给水排水管道与结构板的碰撞。
- 给水排水管道与结构梁、剪力墙的碰撞。

利用 BIM 碰撞检查软件将不同专业的信息模型链接到一起，设置碰撞检查的相关要求和限制条件，选择要进行碰撞检查的图元类型，碰撞软件会进行检查后会自动生成检查报告。

3.3.2 不同专业之间碰撞检查软件操作示例

下面以 Navisworks 软件为例对不同专业间的碰撞检查的操作方法进行总结：应用 Navisworks 软件做碰撞检查，不仅为设计者提供了三维的设计界面，而且使碰撞检查更方便、快捷和准确，设计人员将更多的时间和精力投入到各专业的设计上，提高协同设计质量与建筑项目的品质。目前市场上广泛应用 Autodesk 的 Revit 系列软件建立三维 BIM 模型，这些模型可以直接导入 Navisworks 中进行碰撞检查，客观的说，使用 Navisworks 进行碰撞检查在三维显示效果和准确性上更胜一筹。

碰撞检查是指在提前查找和报告在工程项目中不同部分之间的冲突。通过碰撞检查可以使多专业设计进行更为及时与有效的联系，在设计的进行中不断地将不同专业的设计同步更新与优化。碰撞检查在多专业协同设计中担当的是制约与平衡的角色，使多专业设计的"求同存异"，这样随着设计的不断深入，定期地对多专业的设计进行协调审查，不断地解决设计过程中存在的冲突，使设计日趋完善与准确。这样，各专业设计的问题得以图纸设计阶段解决，避免了在日后项目施工阶段返工，可以有效缩短项目的建设周期和降低建设成本。使用 BIM 技术可以消除 40% 的预算外变更，通过及早发现和解决冲突可降低 10% 合同价格，消除变更与返工的主要工具就是 BIM 的碰撞检查。

碰撞检查是协同设计过程能否有效实时的关键因素，确保多专业之间协作能更有效进行。

以 Autodesk Navisworks 为例，说明文件集成方式的具体应用方法。Navisworks 可支持整合 DWG、DWF、DXF、DGN、SKP、RVT、IFC 等多种数据格式，提供"冲突检测"功能，对不同的专业模型或不同的区域模型进行综合检查，提前解决施工图中的错漏碰缺问题。

在 Navisworks 中进行冲突检测的方法为：

（1）设置冲突检测的范围

从批处理中选择一个以前运行的测试，或者启动一个新测试，"紧凑"可从检测中删除碰撞状态为"已解决"的所有碰撞结果，以创建较小的文件。如图 3.3-1 所示。

（2）建立冲突检测的规则

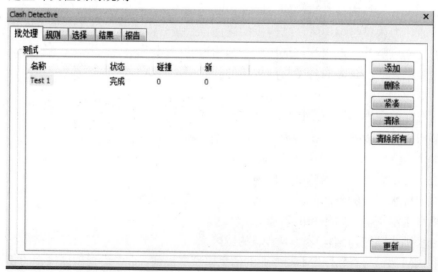

图 3.3-1 Navisworks 设置冲突检测范围示意

定义要忽略的碰撞类型；可以增加新的规则。如图 3.3-2 所示。

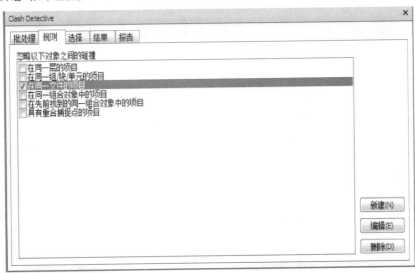

图 3.3-2　Navisworks 设置冲突检测规则示意

（3）建立冲突检测的对象

碰撞类型有硬碰撞与间隙碰撞和副本碰撞，一个是检测模型间的实体碰撞，一个检测在距其他几何图形特定距离内的几何图形，副本碰撞是检测重复的几何图形。通过设置碰撞对象，检测出冲突问题及位置。

选择要在测试中包括的所需项目，然后设置测试类型选项。如图 3.3-3 所示。

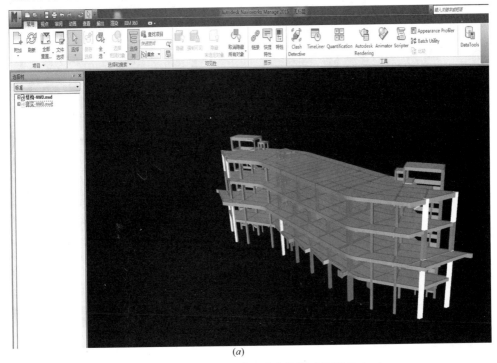

(a)

图 3.3-3　Navisworks 建立冲突检测对象示意（一）

(a) 结构模型

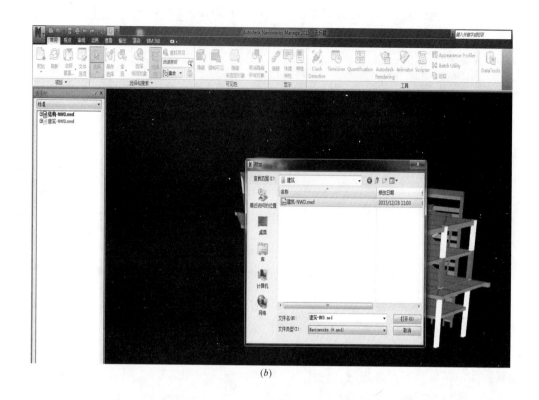

(b)

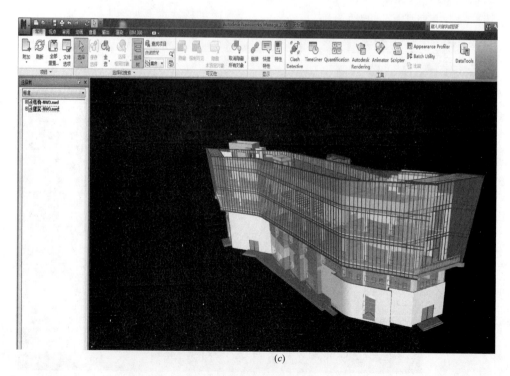

(c)

图 3.3-3　Navisworks 建立冲突检测对象示意（二）
（b）附加建筑模型；（c）结构模型＋建筑模型效果

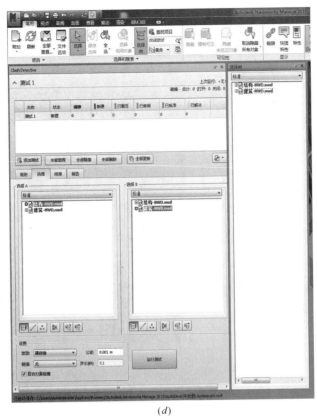

(d)

图 3.3-3　Navisworks 建立冲突检测对象示意（三）

(d) 模型冲突对话框设置

（4）输出检测成果

基于设置条件，检测出碰撞点，并形成碰撞点的问题列表，方便使用者检索。查看结果并将问题分配给相关负责方，生成有关已确定问题的报告，并分发下去以进行查看和解决。如图 3.3-4～图 3.3-13 所示。

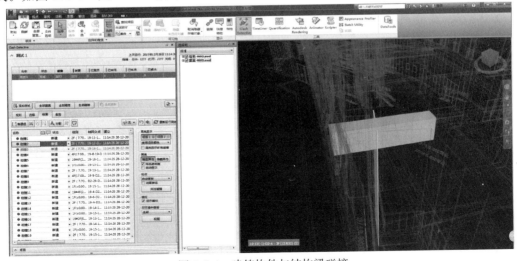

图 3.3-4　建筑构件与结构梁碰撞

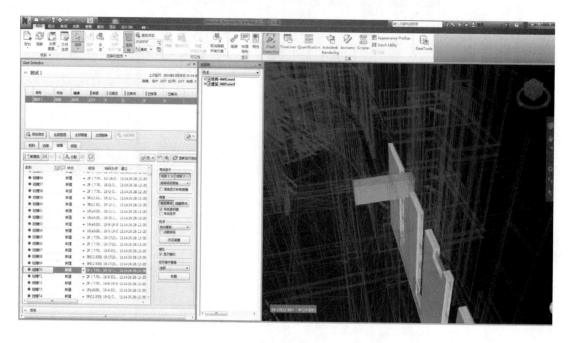

图 3.3-5　建筑墙与结构梁碰撞

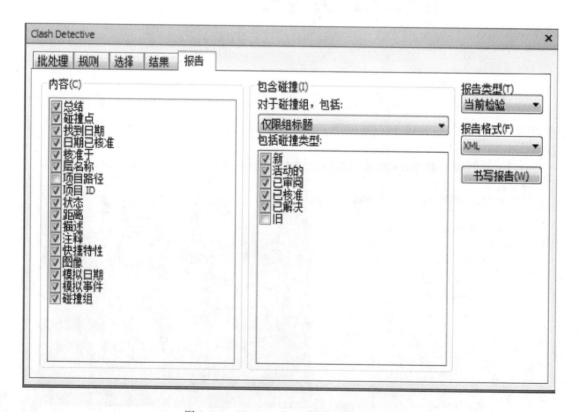

图 3.3-6　Navisworks 碰撞检测报告示意

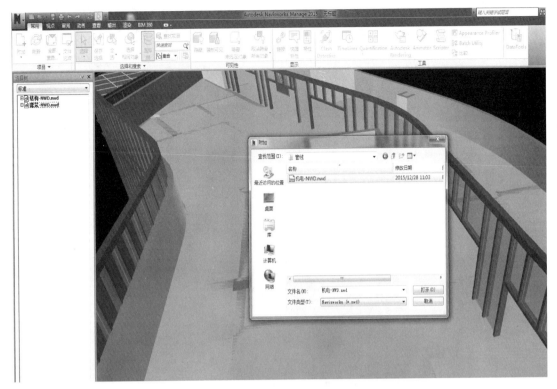

图 3.3-7　附加设备专业模型

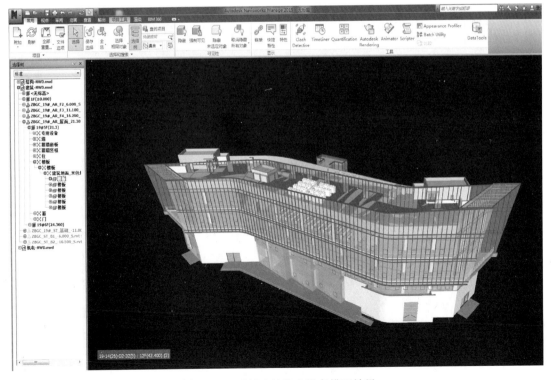

图 3.3-8　建筑＋结构＋设备模型效果

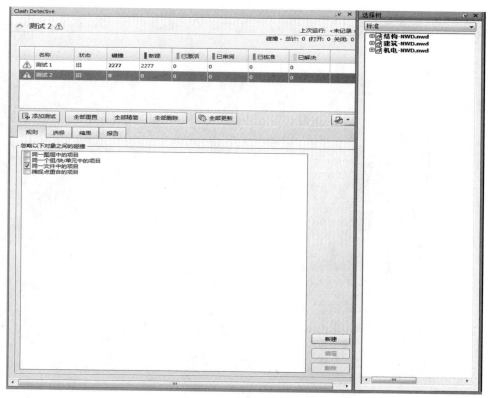

图 3.3-9　设置碰撞规则

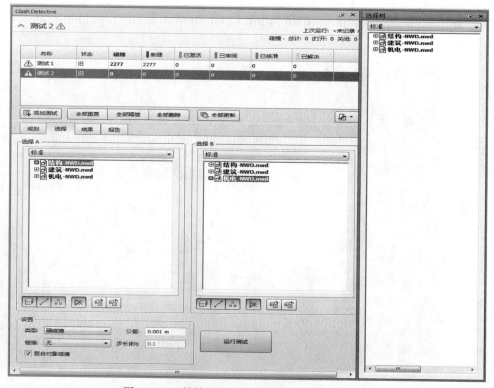

图 3.3-10　结构工程专业与机电工程专业的碰撞

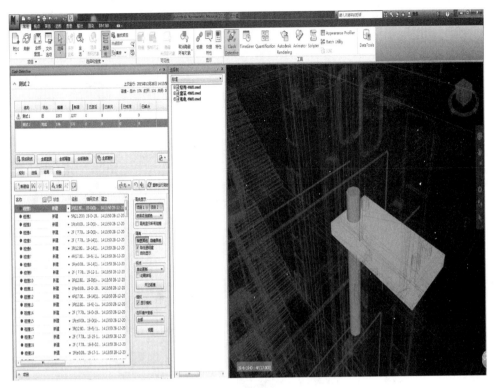

图 3.3-11　结构构件与设备构件的碰撞

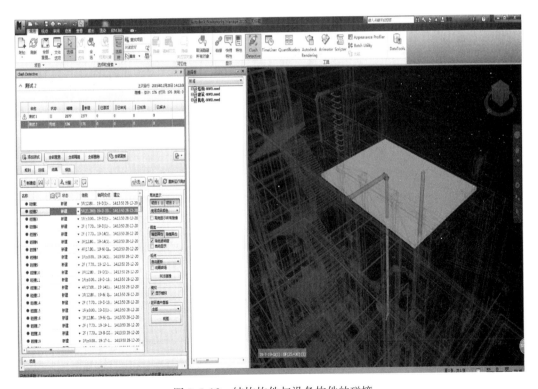

图 3.3-12　结构构件与设备构件的碰撞

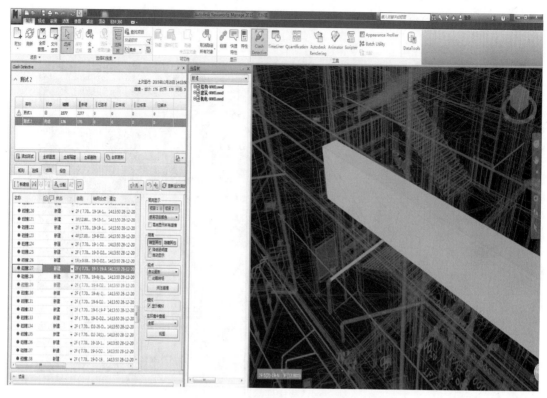

图 3.3-13　结构构件与设备构件的碰撞

4 基于 BIM 的沟通

BIM 模型的最直接的优势是可以进行工程的三维展示，利用 BIM 模型可以在多个团队间进行沟通和展示，利用 BIM 模型快速完成各层面数据的沟通。

4.1 基于 BIM 的沟通概述

4.1.1 BIM 沟通工具特点

创建 BIM 模型后，可以使用多种方式进行 BIM 的展示与沟通操作。一般来说，利用 BIM 软件进行沟通，通常包含以下几个方面的内容：

1. 模型的漫游浏览；
2. 模型渲染；
3. 模型测量；
4. 模型信息查询；
5. 模型讨论批注。

在 BIM 软件应用领域，通常将软件分为 BIM 数据创作工具和 BIM 模型的浏览和管理工具。BIM 数据主要在 BIM 创建工具如 Autodesk Revit 等工具中创建，通常 BIM 创建工具提供了功能强大的浏览功能，但由于在创建工具中同时记录了 BIM 模型数据的数据关联关系，通常数据很"重"，更多用于表现 BIM 数据的原始状态和创建状态，所以通常使用专用的 BIM 浏览工具来完成 BIM 模型的沟通，例如 Autodesk Navisworks 软件。通常使用 BIM 专用沟通工具的具有如下特点：

① 轻量化浏览。专用 BIM 沟通工具通常具有简化模型的功能。即在相同硬件配置下，可以浏览更大规模、更多专业的模型，且保持较好的流畅度。例如，使用 Autodesk Navisworks 可以在普通配置的 PC 机上直接查看超过 36 万 m² 的商业综合体模型。而 Revit 这类的 BIM 模型创建工具则很难完成如此庞大数据量的显示。

② 跨平台展示。当前 BIM 沟通工具通常都具有跨平台展示的能力。除可以在 PC 机上进行 BIM 模型的查看外，还可以在包括 iPad、智能手机等终端平台上进行 BIM 模型的查看，极大地拓展了 BIM 模型的应用空间。例如 Autodesk 提供了 iPad 端用于查看 BIM 数据的 BIM 360 Glue。

③ 操作简单。不同于 BIM 模型创建工具，为方便沟通，BIM 浏览工具通常操作简单，容易上手。通常，沟通工具中提供了漫游等专项工具，以便于模型查看。

④ 提升展示效果。作为沟通工具，其展示效果往往成为是否吸引人的方面。例如，在常用的 Lumion 工具中，具有电影般的景深和光影效果，表达效果非常逼真。

⑤ 方便讨论。作为 BIM 模型沟通工具，通常提供标记和讨论管理工具，用于记录沟通各方主体对 BIM 模型中展示的问题的记录和讨论过程。并通过对状态的管理跟踪各讨论的意见和问题。

⑥ 跨数据平台整合。通常，作为 BIM 沟通工具，会支持多种 BIM 创建工具创建的 BIM 模型数据，通过直接读取或专用数据接口的形式，将多种不同 BIM 软件创建的数据整合在一起进行查看浏览和协调。使得多个不同的 BIM 工具间进行数据沟通成为可能。例如，Autodesk Navisworks 支持多达 30 多种不同 BIM 软件产生的三维数据，横跨建筑行业多个领域、多个行业的数据，真正做到了基于 BIM 的多专业的沟通与集成。

通常，在工程项目的协调会或 BIM 交付的过程中，会使用 BIM 沟通工具进行现场沟通，而在创建或修改 BIM 模型时，才会使用 BIM 模型的原始创建工具进行模型的创建与调整。

4.1.2 常见 BIM 沟通工具

BIM 模型浏览工具常见的有以下两类，以虚拟现实展示为核心的展示类工具，常见的有 Lumion、Fuzor 以及部分来自于游戏引擎的工具，如 Unity、UE 等。

BIM 沟通是 BIM 模型应用的延伸。BIM 沟通工具除可以浏览和查看 BIM 模型外，还支持 BIM 模型的信息查询、场景控制，甚至还可以集成沟通管理、场景控制以及施工进度模拟、碰撞检查以及施工过程信息集成等功能。这类工具是 BIM 模型生命力的延续，是真正发挥 BIM 价值的所在。这类工具较为典型的为 Autodesk Navisworks，以及 Synchro 等。本章主要以 Autodesk Navisworks 为例，说明如何基于该工具完成 BIM 模型的展示工作，如图 4.1-1 所示。

如图 4.1-2 所示，为在 Lumion 软件中实时显示的浏览场景情况。通常，这类工具都具有游戏级的质感效果，以及光景展示效果，并允许用户在导入 BIM 模型后添加人物、树木等场景配景，以增强场景的展示效果。这类工具通常用于对 BIM 场景进行展示，通常不再具备 BIM 的相关属性和信息。严格意义来说，并不能归属于 BIM 的应用范畴。

图 4.1-1 Autodesk Navisworks 的模型显示　　　图 4.1-2 Lumion 软件的模型显示

4.1.3 Navisworks 简介

为了能够让用户整合和浏览不同三维数据模型，在 20 世纪 90 年代中期，Tim Wiegand 博士在英国剑桥大学开发出 Navisworks 原型产品，并成立 Navisworks 公司。2007年 8 月，Autodesk 公司以 2500 万美元收购了 Navisworks 公司。当时，该产品名称为 Jet Stream，如图 4.1-3 所示。

Autodesk 完成对该公司的收购后，将 Jet Stream 命名为 Navisworks，并逐步划分为 Navisworks Manage、Navisworks Simulate 和 Navisworks Freedom 三个不同的版本。当前最新版本为 2014 版。图 4.1-4 为 Autodesk Navisworks Manage 2014 启动界面。

图 4.1-3　Jet Stream 界面

图 4.1-4　Autodesk Navisworks Manage 2014 启动界面

Navisworks 可以读取多种三维软件文件，从而对工程项目进行整合浏览和审阅。在 Navisworks 中，不论是 Autodesk 公司 AutoCAD 生成的 DWG 格式文件，还是 3ds Max 生成的 3DS、FBX 格式的文件，乃至非 Autodesk 公司的产品，如 Bentley Microstation，Dassault Catia，Trimble Sketchup 生产的数据格式文件，均可以轻松被 Navisworks 读取并整合为单一的 BIM 模型，如图 4.1-5 所示。

Navisworks 提供了一系列查看和浏览工具，例如漫游和渲染，允许用户对完整的 BIM 模型文件进行协调和审查。Navisworks 通过优化图形显示与算法，即便使用硬件性能一般的计算机也能够流畅查看所有的数据模型

图 4.1-5　Navisworks 读取的 BIM 模型

文件，大大降低了三维运算的系统硬件开销。在 Navisworks 中，利用系统提供的碰撞检查工具可以快速发现模型中潜在的冲突风险。如图 4.1-6 所示，在审阅过程中可以利用 Navisworks 提供的审阅和测量工具对模型中发现的问题进行标记和讨论，方便在团队内部进行项目的沟通。

Navisworks 可以整合任意格式的外部数据，例如 Microsoft Project、Microsoft Excel、PDF 等多种格式的信息源数据，得到信息丰富的 BIM 数据。例如，可以使用 Navisworks 整合 Microsoft Project 生成的施工节点信息，Navisworks 会根据 Microsoft Project 的施工进度数据与 BIM 模型自动对应，使得每个模型图元具备施工进度计划的时间信息，实现 3D 模型数据与时间信息的统一，在 BIM 领域中称之为 4D 应用。如图 4.1-7 所示，为 2008 年上海世博会生态家项目中利用 Navisworks 模拟在不同日期的工程施工进度。

图 4.1-6 Navisworks 提供的审阅和测量工具

Navisworks 是 BIM 环节中实现数据与信息整合的重要一环，它使得 BIM 数据在设计环节与施工环节实现无缝连接，为各领域的工程人员提供最高效的沟通及工程数据的整合管理流程。

Autodesk 根据 Navisworks 中不同功能模块的组合，将 Navisworks 划分为三个不同的版本组成，分别为 Navisworks Manage、Navisworks Simulate 和 Navisworks Freedom。其中，Navisworks Manage 版本是功能最完整的版本，它包含了 Navisworks 的所有的功能模块。Navisworks Freedom 是 Autodesk 针对普通仅有查看需求的用户推出的免费版本，用户可以在 www.autodesk.com 免费下载并安装，且仅能查看 Navisworks 生成的.NWD 格式数据格式。Navisworks 各发行版本的功能模块区别见表 4.1-1。

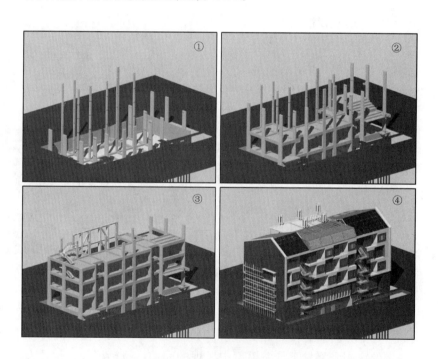

图 4.1-7　2008 年上海世博会生态家项目 Navisworks 模拟工程施工进度

Navisworks 各发行版本的功能模块

表 4.1-1

功能	Navisworks Manage	Navisworks Simulate	Navisworks Freedom
查看项目			
实时导航	●	●	●
全团队项目审阅	●	●	●

模型审阅			
模型文件和数据链接	●		●	
审阅工具	●		●	
NWD 与 NWF 发布	●		●	
协作工具	●		●	
模拟与分析			
4D、5D 展示	●		●	
照片级渲染输出	●		●	
动画制作模块	●		●	
协调			
碰撞检查	●			
碰撞管理	●			

由表 4.1-1 可见，Navisworks Manage 与 Navisworks Simulate 的主要差异在于是否具备碰撞检查模块。碰撞检查是 Navisworks 在应用环节中非常重要的基础性功能模块之一。

4.2 BIM 模型浏览

BIM 模型浏览是实现 BIM 沟通的基础。目前，BIM 模型浏览已经可以通过专用的软件以及云计算技术进行在线的 3D 模型展示。

以 Autodesk Navisworks 为例，在创建完成 BIM 模型后，可以读取 BIM 模型，进行 BIM 模型整合，并浏览显示。Navisworks 的操作界面如图 4.2-1 所示。

4.2.1 BIM 模型读取与定位

Navisworks 支持多种 BIM 模型的读取和整合。在使用展示 BIM 模型前，需要将 BIM 数据进行整合。在打开场景文件后，Navisworks 提供了附加和合并两种形式，用于向当前场景中添加更多 BIM 模型数据。Navisworks 会自动根据原 BIM 模型中的定位坐标对模型进行定位，因此，必须在浏览模型前，在 BIM 创建工具中进行坐标统一和定位，以确保浏览 BIM 模型时，保持正确的相对模型关系。以 Revit 为例，在创建模型时，各模型之间应采用链接的形式，且定位方式应为"原点到原点"，以确保在读取至 Navisworks 时，能够保持一致的空间坐标。

在 Navisworks 中，要将多个不同的数据文件整合进同一个场景中，必须使用附加或合并的方式将外部数据添加至当前场景中，如果使用"打开"工具，Navisworks 将关闭当前场景，在新的场景中打开所选择的模型文件。Navisworks 是单一文档程序，也就是说在一个 Navisworks 程序窗口中，仅允许打开一个场景文件，当打开新的文件时，将关闭当前已经打开的场景文件。如果要同时显示多个场景文件，可以启动多个 Navisworks 程序。

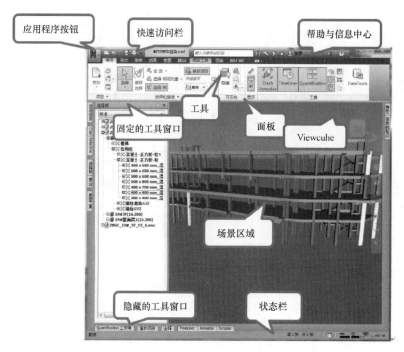

图 4.2-1　Navisworks 的操作界面

图 4.2-2　"常用"选项卡

以"附加"的形式添加至当前场景中的模型数据，Navisworks 将保持与所附加的外部数据的链接关系，即当外部的模型数据发生变化时，可以使用图 4.2-2 所示的"常用"选项卡"项目"面板中"刷新"工具进行数据更新。而使用"合并"方式添加至当前场景的数据，Navisworks 将所添加的数据变为当前场景的一部分，当外部数据发生变化时，不会影响已经"合并"至当前场景中的场景数据。

4.2.2　查看轴网

轴网是建筑工程中最常用的定位方式。如果导入的三维模型文件是 Autodesk Revit 创建的模型，还可以在视图中控制轴网的显示。下面通过练习操作，学习如何控制 Navisworks 中轴网的显示。

1）打开光盘"练习文件 \ 第 4 章 \ 4-2-2.nwd"场景文件。该文件中显示了办公楼项目的完整结构工程专业模型。该模型由 Autodesk Revit 创建。

2）通过"保存的视点"工具窗口，切换至"结构 F1 内部视点"视图。如图 4.2-3 所示，单击"查看"选项卡"轴网和标高"面板中"显示轴网"工具，使该工具处于激活状态，此时可以激活文件中轴网在场景中的显示。

3）如图 4.2-4 所示，单击"轴网和标高"面板中"模式"下拉列表，在列表中选择"下方"选项，则 Navisworks 将在视图视点下方以绿色方式显示轴网（软件中为彩色，故可以显示"绿色"，下同）。

4）尝试切换至"上方"模式，则 Navisworks 将在视点上方以红色方式显示轴网。切

图 4.2-3 "查看"选项卡"轴网和标高"面板中"显示轴网"工具

换至"上方和下方"模式,则 Navisworks 将在视点的上方和下方分别显示轴网。如图 4.2-5 所示。注意"下方"的绿色视点中,离人物最近的轴网编号为"19-15"。

5)通过"保存的视点"工具窗口,切换视点至"2F 内部视点",该视点位于办公楼 2 楼内部位置。Navisworks 将在当前的上方和下方分别以红色和绿色显示轴网。注意下方绿色轴网最右侧起始轴网为 19-D,而不再显示 19-A 轴网。

6)如图 4.2-6 所示,单击"轴网和标高"面板中"活动网格"下拉列表,该列表中显示了当前场景中所有

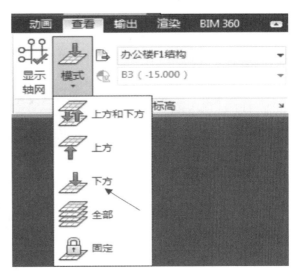

图 4.2-4 "查看"选项卡"模式"下拉列表

包含标高和轴网的模型文件。切换至"办公楼结构"文件,该文件是当前场景中由 Revit 创建的结构模型。注意轴网最右侧的起始轴网已显示为"19-A"。

图 4.2-5 Navisworks 在视点上方以红色方式显示轴网

【提示】 由于在办公楼建筑文件中,定义了在 F7 标高中将不再显示用于地下室定位的轴网 A,因此在"办公楼建筑"模式下将不再显示 A 轴网。而结构模型中未做此定义,因此将显示项目中所有的轴网。

图 4.2-6 "轴网和标高"面板

7）单击"应用程序菜单"按钮，在列表中单击"选项"，打开"选项编辑器"对话框，如图 4.2-7 所示，展开"界面"列表，选择"轴网"选项，可以在右侧分别设置轴网在上方和下方位置的显示颜色，注意 Navisworks 默认将下方位置标高显示为绿色，上方位置标高显示为红色。还可以设置轴网名称字体的大小，默认为12。在本操作中，不修改任何设置，单击"确定"退出"选项编辑器"对话框。

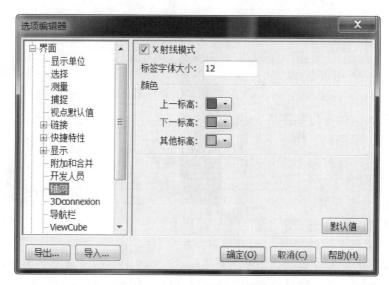

图 4.2-7 "选项编辑器"对话框

8）切换至"外部整体"视点。如图 4.2-8 所示，设置"轴网和标高"面板中轴网显示"模式"为"固定"，确认"活动网格"设置为"办公楼 F1 结构"文件，切换标高至"B3（−15.000）"，注意 Navisworks 将在所选择的标高位置显示轴网。读者自行尝试切换至其他可用标高，注意轴网位置显示的变化。

"轴网和标高"面板"模式"下拉列表中提供了上方和下方、上方、下方、全部和固定几种不同的轴网位置显示方式。除"固定"模式与所选择的标高位置有关外，其余均与视点所在的位置有关。它们共同定义显示于视点的上方或下方的轴网位置和状态。在4.2.3 节中查看工具 Navisworks 提供了场景缩放、

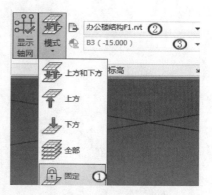

图 4.2-8 "轴网和标高"
面板中轴网显示"模式"

平移、动态观察等多个导航工具，用于场景中视点的控制。使用这些工具可以轻松对场景的相机位置进行修正。接下来，通过具体操作，学习这几个工具的基本使用情况。

9) 打开光盘"练习文件\第3章\3-3-1.nwd"场景文件。通过"保存的视点"工具窗口，切换至"外部视角"视点位置。

10) 确认开启"位置读数器"HUD 显示，注意当前HUD 的视点位置。切换至"视点"选项卡，如图 4.2-9所示，在"导航"面板中提供了多种场景显示控制工具。单击"平移"工具，移动鼠标至场景视图中，鼠标指针变为

图 4.2-9 "导航"面板

针变为，单击并按住鼠标左键不放，上下左右拖动鼠标，当前场景中的视图将沿鼠标拖动的方向平移。注意相机位置读数器 HUD 指示器中当前场景相机的位置会随鼠标的移动而变化。视图平移后，松开鼠标左键，完成对视图的平移操作。

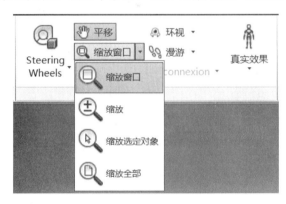

图 4.2-10 "缩放窗口"选项

11) 再次切换至"外部视角"视点位置。单击"导航"面板中"缩放窗口"工具下拉列表，如图 4.2-10 所示，将显示缩放模式工具列表。在列表中选择"缩放窗口"选项，进入场景缩放模式。移动鼠标至场景视图中，鼠标指针变为。

12) 在需要放大显示的区域内单击并按住鼠标左键作为缩放区域的起点，按住鼠标左键不放，拖动鼠标以对角线的方式绘制缩放范围框。到达窗口终点后松开鼠标左键完成缩放范围框的绘制，Navisworks 将缩放显示范围框内的模型范围。注意相机位置读数器 HUD 指示器中当前场景相机的位置会随鼠标的移动而变化，如图 4.2-11 所示。

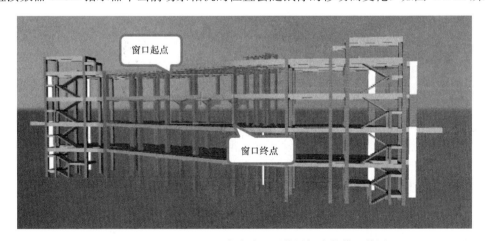

图 4.2-11 Navisworks 将缩放显示范围框内的模型范围

57

【提示】 在绘制窗口起点时,如果按住键盘 Ctrl 键,则将以起点位置作为缩放窗口的中心位置绘制缩放范围框。

13) 限于篇幅,本书将不再详述其他几种缩放工具的详细操作,请各位读者自行尝试。

14) 切换至"外部视角"视点。如图 4.2-12 所示,单击"导航"面板中单击"动态观察"工具下拉列表,在列表中选择"动态观察"工具,进入场景动态观察模式。移动鼠标至场景视图中,鼠标指针变为。在场景视图中任意位置按住鼠标左键不放,在场景中将出现旋转中心符号,上下左右移动鼠标,场景将以该中心符号位置为轴心旋转,完成后松开鼠标左键,当前场景将显示为旋转后的状态。注意相机位置读数器 HUD 指示器中当前场景相机的位置会随鼠标的移动而变化。

图 4.2-12 "导航"面板中单击"动态观察"工具下拉列表

注意在使用动态观察工具时,Navisworks 将始终围绕着轴心点进行视图的旋转。可以使用"焦点"工具改变动态观察的轴心点。

15) 如图 4.2-13 所示,单击"导航"选项卡"环视"下拉列表中"焦点"工具,鼠标指针变为。移动鼠标至将要设置为轴心点的位置,单击在该位置放置焦点,Navisworks 将自动平移视图,使该位置位于场景视图的中心。注意,放置焦点并不会改变相机位置读数器 HUD 指示器中当前场景相机位置坐标。

16) 再次使用"动态观察"工具,注意此时 Navisworks 将以上一步中设置的焦点作为旋转的中心点。

17) 到此完成场景控制的基本操作练习。关闭当前场景,不保存对文件的修改。

Navisworks 通过平移、缩放、动态观察、环视、观察、焦点等工具,用于快速对当前视图进行调整。以满足各类查看和展示的要求。

在动态观察工具下拉列表中,还提供了自由动态观察和受约束的动态观察两种其他的

图 4.2-13 "导航"选项卡"环视"下拉列表中"焦点"工具

动态观察方式。其中自由动态观察与动态观察的使用非常类似，其区别仅在于动态观察工具将保持相机的倾斜角度始终为 0°，而自由动态观察将不受这一限制。受约束的动态观察将保持相机的 Z 轴方向不变，而沿水平方向自由旋转相机。

Navisworks 还提供了"导航栏"，用于快速执行上述视图查看工具。要打开"导航栏"，可通过单击"查看"选项卡"导航辅助工具"面板中"导航栏"按钮，默认导航栏位于场景视图右侧，如图 4.2-14 所示，可以直接单击导航栏上的工具访问相应的导航工具。

图 4.2-14　默认导航栏

读者应通过操作，熟练掌握上述各类查看工具的使用方式。注意，在 Navisworks 中绝大多数的观察工具都将改变相机的位置。

图 4.2-15　"导航"面板 Steering Wheels 下拉列表

4.2.3　使用鼠标和导航盘

除使用上述观察工具外，还可以通过配合使用键盘 Shift 及鼠标中键实现场景视图视点的控制。在任意时刻，向上或向下滚动鼠标滚轮，将以鼠标所在位置为中心放大或缩小场景视图；按下鼠标滚轮不放，左右拖动鼠标，将进入平移模式；按下鼠标中键同时，按住键盘 Shift 键不放，将进入动态观察模式。注意，按住 Shift 键与鼠标中键进入动态观察模式时，将以鼠标指针所在位置为轴心进行视图旋转。

Navisworks 还提供了导航盘，用于执行对场景视图视点的修改。如图 4.2-15 所示，单击"导航"面板 Steering Wheels 下拉列表，可以查看 Navisworks 导航盘工具列表。

如图 4.2-16 所示，从左至右分别为查看对象导航盘、巡视建筑导航盘和全导航导航盘。启用导航盘后，导航盘会跟随鼠标指针。以"查看对象导航盘"为例，要使用"缩放"功能，移动鼠标至"缩放"选项，该选项将高亮显示，单击并按住鼠标左键，Navisworks 将进入缩放模式，上下拖动鼠标，将以鼠标所在位置为轴心对场景视图进行缩放。缩放完成后，松开鼠标左键将退出缩放模式，返回导航盘状态。

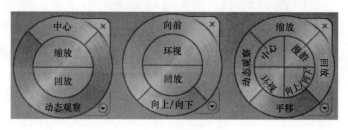

图 4.2-16　导航盘

要退出导航盘，单击导航盘右上角关闭按钮或按键盘 Esc 键即可。Navisworks 的导航盘分为大、小两种形态。如图 4.2-17 所示，分别为查看对象（小）、巡视建筑（小）、

图 4.2-17　导航盘状态

全导航（小）状态的导航盘。在小导航盘状态下，鼠标移动至不同的区域内，将在导航盘下方以文字的方式提示该区域的功能。选择适当的区域后，单击并按住鼠标左键，将执行相应的功能。各导航盘的大、小状态的使用方法与本节中介绍的功能完全一致，读者可自行尝试各导航盘的不同使用方式，在此不再赘述。

灵活使用鼠标中键、导航工具及导航盘，可以实现对场景视图的灵活控制。这些工具是 Navisworks 的操作基础，为后续深入学习做铺垫。

4.3　BIM 模型剖切展示

为清晰表达场景模型的内部或局部位置的关系，可以采用通过剖切的方式展示场景模型的内部细节。

Navisworks 提供了两种场景剖分的方式：平面剖分和长方体剖分。平面剖分是利用前、后、左、右、上、下几个方向上利用指定位置的平面对模型进行剖切，立方体剖分则是在模型的六个方向上同时启用剖切的一种方式。接下来，通过操作掌握两种不同的剖分方式。

1）打开光盘"练习文件 \ 第 3 章 \ 3-3-4. nwd"场景文件，切换至"外部整体"视角。如图 4.3-1 所示，单击"视点"选项卡"剖分"面板"启用剖分"，激活剖分模式。Navisworks 将采用默认的方式剖切显示场景模型。

2）Navisworks 将显示"剖分工具"

图 4.3-1　"视点"选项卡"剖分"面板"启用剖分"命令

上下文选项卡，单击"剖分工具"选项卡，切换至该选项卡，如图 4.3-2 所示。确认剖分"模式"为"平面"。

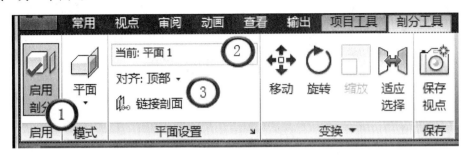

图 4.3-2 "剖分工具"选项卡

3）如图 4.3-3 所示，单击"平面设置"面板"当前：平面 1"下拉列表，该列表中显示了所有可以激活的剖面，确认平面 1 前灯光处于激活状态 💡；单击"对齐"下拉列表，在列表中选择"顶部"，即剖切平面与场景模型顶顶部对齐。Navisworks 将沿水平方向剖切模型。

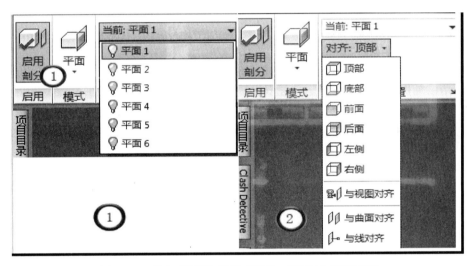

图 4.3-3 "平面设置"面板"当前：平面 1"下拉列表

4）单击"变换"面板"移动"工具，如图 4.3-4 所示，进入剖切面编辑状态，Navisworks 将在场景视图中显示当前剖平面，并显示具有指示 XYZ 方向的编辑控件；移动鼠标至编辑控件红轴（X 轴）位置，按住鼠标左键并拖动鼠标可沿 Z 轴方向移动当前剖切平面，Navisworks 将根据当前剖切平面的位置显示剖分后场景。

【提示】 编辑控件中红、绿、黄色分别代表 X、Y、Z 方向。

5）单击"变换"面板"旋转"工具，进入剖切平面旋转模式。Navisworks 将显示旋转编辑控件。单击"变换"面板标题栏黑色向下三角形展开该面板，如图 4.3-5 所示，展开面板中将显示剖切平面变换控制参数。注意"位置"行中"Z"值为上一步操作中剖切平面沿 Z 方向移动的高度值；修改"旋转"行"Y"值为 30，即将剖切平面沿 Y 轴旋转 30°，按回车键确认输入，注意此时 Navisworks 将沿剖切平面沿 Y 轴旋转 30°，以倾斜的

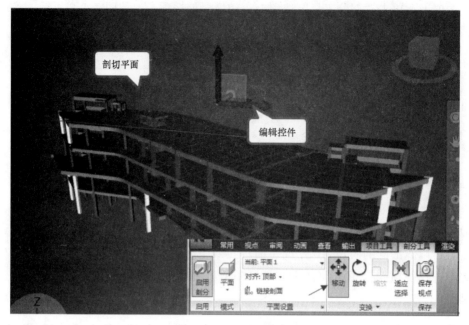

图 4.3-4　剖切面编辑状态

方式剖切图元。

6）单击"平面设置"面板标题栏斜向右按钮，打开"剖面设置"工具窗口，如图
4.3-6 所示，勾选平面 2 复选框，激活该剖切平面；设置该平面的对齐方式为"前面"，
鼠标单击该平面名称数字，将该剖切平面设置为当前工作平面。注意 Navisworks 将在上
一步剖切显示的基础上在模型中添加新的剖切平面。

图 4.3-5　剖切平面变换控制参数

图 4.3-6　激活该剖切平面

7）重复第 4 操作步骤，使用平移变换工具，沿蓝色 Y 轴方向平移当前剖切平面至适当位置。注意 Navisworks 仅会平移当前平面 2 的位置，并不会改变平面 1 的位置，变换工具仅对当前激活的剖切平面起作用。

【提示】 要同时变换所有已激活的剖切平面，可激活"平面设置"面板中"链接剖面"选项。

8）在"剖面设置"工具窗口中，去除"平面 1"前的复选框，Navisworks 将在场景视图中关闭该平面的剖切功能，仅保留平面 2 的剖切结果。

9）单击选择任意窗图元，如图 4.3-7 所示，单击"变换"面板中"适应选择"工具，Navisworks 将自动移动剖切平面至所选择图元边缘位置，以精确剖切显示该图元。

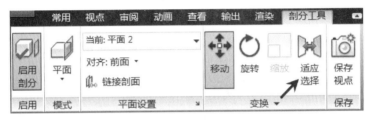

图 4.3-7 "变换"面板中"适应选择"工具

10）如图 4.3-8 所示，单击"模式"面板中"模式"工具下拉列表，在列表中设置当前剖分方式为"长方体"，Navisworks 将以长方体的方式剖分模型。

11）单击"变换"面板中"缩放"工具，出现缩放编辑控件，可以沿各轴方向对长方体的大小进行缩放；展开"变换"面板，还可以通过输入"大小"列中 X、Y、Z 值的方式来精确控制长方体剖切框的大小和范围。配合使用移动和旋转变换工具，可以实现精确的剖分。如图 4.3-9 所示，为使用长方体剖分工具得到的局部剖切。

图 4.3-8 设置当前剖分方式为"长方体"

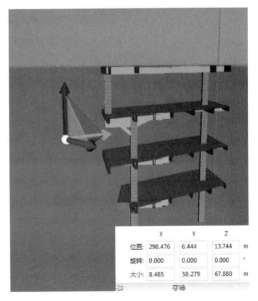

图 4.3-9 使用长方体剖分工具得到的局部剖切

12）单击"启用"面板中"启用剖分"按钮，关闭剖切功能。Navisworks 将关闭所有已激活的剖切设置。至此完成本练习，关闭当前场景文件，不保存对场景的修改。

使用剖分工具可以灵活展示场景的内部被隐藏的部位。启用剖分后，仅在激活移动、旋转或缩放工具后，Navisworks 才会显示剖切平面或剖切长方体位置。当再次单击已激活的上述工具后，Navisworks 将隐藏剖切平面及变换编辑控件。

4.4　在 BIM 模型中漫游

Navisworks 提供了漫游和飞行模式，用于在场景中进行动态漫游浏览。使用漫游功能，可以模拟在场景中漫步观察的对象和视角，用于检视在行走路线过程中的图元。

接下来，通过练习说明在 Navisworks 中使用漫游和飞行的一般过程。

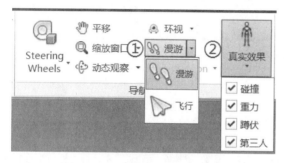

图 4.4-1　"漫游"下拉工具列表

1）打开光盘"练习文件 \ 第 4 章 \ 4-4. nwd"场景文件。切换至"F2 内部视点"，注意当前视点中出现虚拟人物，用于对比人物与周边场景的关系。如图 4.4-1 所示，单击"视点"选项卡"导航"面板中"漫游"下拉工具列表，在列表中选择"漫游"工具，进入漫游查看模式；单击"导航"面板中"真实效果"下拉列表，在列表中勾选"碰撞"、"重力"、"蹲伏"和第三人选项。

【提示】　开启漫游模式的默认快捷键为 Ctrl+1。

2）移动鼠标至场景视图中，鼠标指针变为 。按住鼠标左键不放，前后拖动鼠标将实现在场景中前后行走；左右拖动鼠标，将实现场景旋转。如图 4.4-2 所示，向上拖动鼠标，行走至外部幕墙位置，由于开启了真实效果中的"碰撞"选项，因此当行走至幕墙位置时，将与幕墙图元发生"碰撞"，将无法穿越幕墙图元；由于勾选了"真实效果"中"蹲伏"选项，当 Navisworks 检测到虚拟人物与幕墙"碰撞"时将自动"蹲伏"以尝试从模型对象底部以蹲伏的方式通过。

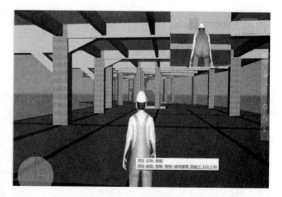

图 4.4-2　Navisworks 检测到虚拟人物与幕墙"碰撞"时将自动"蹲伏"

3）单击"导航"面板"真实"下拉列表，不勾选"碰撞"选项，注意当去除"碰撞"选项时，"重力"、"蹲伏"选项也将清除。

4）使用"漫游"工具，继续向前方行走，由于不再检测碰撞，虚拟人物将穿过幕墙，到达室外。按住鼠标左键不放，向左拖动鼠标旋转视点，面向建筑立面方向后松开鼠标左键。

5）使用"平移"工具，垂直向下平移视图，直到F3楼结构楼梯平台位置。注意平移视图时，虚拟人物将保持在视点位置不变。

6）向下滚动鼠标滚轮向下环视视图直到显示虚拟人物的上方视图位置。继续使用"漫游"工具，将视点移动至裙楼平台上方。继续向上滚动鼠标滚轮向上环视视图，恢复至正常浏览位置。由于此时并未开启重力，因此虚拟人物将"漂浮"于平台之上。勾选"真实效果"中"重力"选项，继续向前移动视点，注意Navisworks将产生"重力"效果，使虚拟人物回落至裙楼屋面之上，并沿屋面表面行走。

【提示】 开启"重力"选项后，由于Navisworks需要检测虚拟人物是否落于对象表面，因此将自动开启"碰撞"选项。

7）单击"导航"面板名称右侧黑色向下三角形，展开该面板。如图4.4-3所示，可以通过设置"线速度"和"角速度"的值来控制漫游时前进的线速度和旋转视图时的角速度值。

【提示】 线速度与角速度的单位与Navisworks选项编辑器对话框中单位的设置相关。要临时加快漫游速度，可在行走的同时按住键盘Shift键。

8）如图4.4-4所示，单击"视点"选项卡"保存、载入和回放"面板中"编辑当前视点"工具，打开"编辑视点-当前视图"对话框。该对话框与4.3节中"编辑视点"对话框相同。

图4.4-3 设置"线速度"和"角速度"的值

图4.4-4 "视点"选项卡"保存、载入和回放"面板中"编辑当前视点"工具

9）单击底部碰撞"设置"按钮，打开"碰撞"设置对话框，如图4.4-5所示。该对话框中，碰撞、重力、自动蹲伏选项与"导航"面板中"真实效果"设置相同；观察器中半径和高度值用于确定用于碰撞的"虚拟碰撞量"的高度和半径值，在本操作中采用默认值不变；视觉偏移用于设定视点位置位于"虚拟碰撞量"高度之下的位置，可以理解为在漫游观察时人的高度为1800mm，人的宽度为600mm（半径为300mm），"眼睛"位于1650mm的位置。确认勾选"第三人"选项中"启用"和"自动缩放"选项，设置"体现"方式为"工地女性"，观察该第三人的位置为"距离"该虚拟人物3000mm的位置。设置完成后单击"确定"按钮两次退出"编辑视点"对话框。

【提示】 在"编辑视点"对话框"运动"选项中，还可以对漫游和飞行的线速度进行设置。第三人设置中"距离"值仅用于显示虚拟人物在场景中显示的相对位置，该值不会改变视点的实际位置。角度值用于控制显示该人物的角度方向。

10）注意此时场景中第三人已替换为"工地女性"形象。用于模拟该建筑在使用时的场景。

11）单击"导航"面板"漫游"工具下拉列表，在列表中选择"飞行"，切换至"飞行"模式，鼠标指针变为 。按住鼠标左键，Navisworks将自动前进，前后左右拖动鼠

图 4.4-5 "碰撞"设置对话框

标用于改变飞行的方向。

【提示】 在飞行模式下,"真实效果"中"重力"选项将变为不可用。

12) 到此完成漫游和飞行操作,关闭当前场景,不保存对文件的修改。

Navisworks 中漫游和飞行的控制方式非常相似。不同之处除重力选项的区别外,还在于漫游模式下,按住鼠标不动视点不会自动前进,前后拖动鼠标将指定前进的方向,左右拖动鼠标将改变环视的方向;而在飞行模式下,只要按下鼠标左键,视点便会自动前进,拖动鼠标将改变飞行的方向。另外,在漫游模式下,Navisworks 将始终保持场景视图 Z 方向向上(即保持相机的倾角为 0°),而在飞向模式下则可以按任意角度查看场景。在漫游模式下,上下滚动鼠标,将变为环视方式。

在漫游模式下,除使用鼠标控制行走的方向外,还可以使用键盘前后左右方向箭头控制行走的方向和视点方向。

Navisworks 中所有的第三人形象模型都存储于安装目录 Avatars 之下。以 Windows 7 系统为例,在 C:\Program Files\Autodesk\Navisworks Manage 2014\avatars 目录下可以找到多个子文件夹,每个文件夹中均包含序号为 01~05 的同名 NWD 格式模型文件,该文件即第三人的虚拟碰撞文件。用户可以自定义任意文件夹,并将从 AutoCAD 或 Revit 中创建的模型在 Navisworks 中另存为 NWD 格式的数据文件后按相同的格式命名,用于替代系统默认的虚拟形象。唯一需要注意的是导出的模型文件中视图的方向以适合场景中显示。

Navisworks 中自定义的虚拟碰撞尺寸用于检测场景中行走路线是否存在干涉。例如,对于地下车库,通常需要保持净高在 2.4m 以上。为确保在行车路线上的净高,可以设置虚拟碰撞高度为 2.4m,当在场景中漫游时,当 Navisworks 检测到净高不足 2.4m 的位置时,将停止漫游或蹲伏,这样可以确定该位置的净高已小于碰撞高度,需要对此做特别关注。该功能在模拟设备安装路径、空间净高等情形时将特别实用。读者可以自行尝试该功能在实际工作中的应用场景。

4.5 对 BIM 模型问题点进行标记与管理

4.5.1 保存视点

Navisworks 可以将当前场景视图的浏览状态保存为视点,存储当前场景中视点的位置、方向、视野设置、剖分状态、场景视图渲染模式、显示模式等,还可以存储当前场景视图中图元隐藏状态。

接下来，通过操作掌握如何在 Navisworks 中保存和管理视点。

1) 打开光盘"练习文件 \ 第 4 章 \ 4-5-1.nwd"场景文件。如图 4.5-1 所示，单击"视点"选项卡"保存、载入和回放"面板名称右侧斜向右箭头，打开"保存的视点"工具窗口。如图 4.5-2 所示，在"保存的视点"工具窗口中，默认已保存了"外部视角"视点名称。单击该名称将切换至该视点。

图 4.5-1 "视点"选项卡
"保存、载入和回放"面板

【提示】 打开"保存的视点"工具窗口的默认快捷键为 Ctrl＋F11。

图 4.5-2 "保存的
视点"工具窗口

2) 配合使用缩放窗口工具，适当放大办公楼塔楼任意位置。单击"保存、载入和回放"面板中"保存视点"工具，将当前视图状态保存为新的视点。Navisworks 将在"保存的视点"工具窗口中添加该视点，默认该视点的名称为"视图"。

3) 在"保存的视点"工具窗口中，右键单击上一步中创建的"视图"视点名称，在弹出右键快捷菜单中选择"重命名"，进入视点名称编辑模式，输入该视点的名称为"外部放大"，按键盘回车键确认输入，Navisworks 将重命名该视点名称。如图 4.5-2 所示。

4) 在"保存的视点"工具窗口中，单击"外部视角"视点名称，Navisworks 将自动切换至外部视角视点；再次单击"外部放大"视点名称，Navisworks 将自动切换至上一步中创建的视点位置。

【提示】 切换视点后，"保存、载入和回放"面板中当前视点列表中显示的当前视点名称将显示为当前视点名称。

5) 右键单击"外部视角"视点名称，在弹出右键快捷菜单中选择"添加副本"选项，Navisworks 将以"外部视角"为基础复制创建新的视点名称。重命名该视点名称为"F1 建筑楼梯"。

6) 切换至"F1 建筑楼梯"视点。如图 4.5-3 所示，单击 View Cube 右上顶点位置，将视点切换至该轴测位置。

【提示】 如 Navisworks 未显示 View Cube，请单击"查看"选项卡"导航辅助工具"面板中"View Cube"以显示该辅助工具。

图 4.5-3 视点切换至轴测位置

7) 单击"视点"选项卡"渲染样式"面板中"光源"下拉列表，切换当前视图渲染模式为"全光源"。

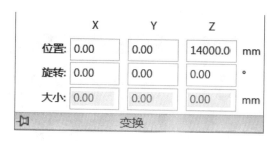

図 4.5-4 "変換"面板

8）単击"视点"选项卡"剖分"面板中"启用剖分"工具，激活 Navisworks 剖分模式。确认"剖分工具"上下文选项卡中剖分的模式为"平面"；当前激活的平面为"平面 1"；对齐的位置为"顶部"；如图 4.5-4 所示，展开"变换"面板，修改"位置"行"Z"值为 14000mm，调整该剖切平面于楼梯位置。

【提示】 在输入位置变换值时，注意 Navisworks 当前单位设置，如果单位为 m，则请输入 14m。

9）适当放大视图，在视图中完全显示楼梯剖分。右键单击"F1 结构楼梯"视点名称，在弹出右键菜单中选择"更新"选项。Navisworks 将"F1 结构楼梯"视点更新为当前场景视点状态。

【提示】 在此操作中如果左键单击"F1 建筑楼梯"视点名称将切换至该视点，对场景中所有的视图操作将丢失。

10）切换至"外部视角"视点，再次切换至上一步中创建的"F1 结构楼梯"视点名称，注意 Navisworks 已经在"F1 建筑楼梯"视点中记录视图的剖分状态，且渲染样式面板中"光源"的设置也已随视点的切换而变化。

11）重复第 5 步操作，为"F1 建筑楼梯"创建视图副本并将其重命名为"F1 结构楼梯"。如图 4.5-5 所示，展开"选择树"工具窗口，确认选择树的显示模式为"标准"；展开 3-4-1.nwd 场景文件，该场景文件分别有结构的四部分和建筑的五部分构成；右键单击"办公楼 F1 建筑 .nwc"文件名称，弹出右键快捷菜单中选择"隐藏"，在场景中隐藏该模型文件。

12）切换至"F1 结构楼梯"视点，注意由于在上一步中隐藏了"办公楼 F1 建筑"部分模型，因此在该视点中办公楼建筑剖分也被隐藏。

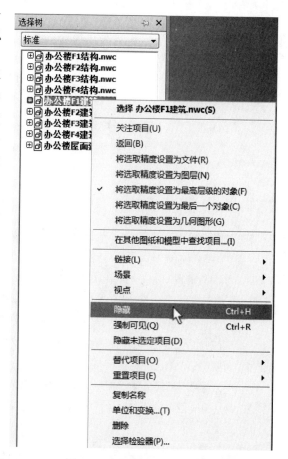

图 4.5-5 "选择树"工具窗口

13）切换至"F1 结构楼梯"视点。右键单击"F1 结构楼梯"视点名称，在弹出右键快捷菜单中选择"编辑"选项，打开"编辑视点-F1 楼梯结构"对话框。如图 4.5-6 所示，勾选"保存的属性"中"隐藏项目/强制项目"和"替代外观"选项，该选项将在视点中保存当前视点的图元隐藏状态。完成后单击"确定"按钮退出"编辑视点"对话框。

14）切换至"F1 建筑楼梯"视点。重复本操作第 11 步骤，去除"办公楼 F1 结构 .nwc"的隐藏选项。

15）右键单击"F1 建筑楼梯"视点，在弹出右键菜单中选择"更新"，将当前视图状态更新至"F1 建筑楼梯"视点。重复本操作第 13 步骤，编辑勾选"F1 建筑楼梯"视点的"隐藏项目/强制项目"和"替代材质"选项，完成后单击"确定"按钮退出"编辑视点"对话框。

16）再次在"F1 结构楼梯"与"F1 结构楼梯"视点间进行切换，注意 Navisworks 已在各视点中保存了相应的隐藏设置。

17）移动鼠标至"保存的视点"工具窗口任意空白位置，单击鼠标右键，在弹出右键菜单中选择"新建文件夹"选项，Navisworks 将在"保存的视点"中创建文件夹，将该文件夹重命名为"F1 楼梯视点"。

18）配合键盘 Ctrl 键，分别单击"F1 结构楼梯"与"F1 建筑楼梯"视点名称，选择两视点；鼠标左键单击并按住"F1 结构楼梯"视点

图 4.5-6 "保存的属性"中"隐藏项目/强制项目"和"替代外观"选项

符号"⬡"，将其拖拽至上步中创建的"F1 楼梯视点"文件夹中，Navisworks 将重新显示各视点，如图 4.5-7 所示。

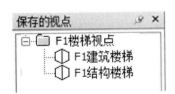

图 4.5-7 保存的视点

19）关闭场景文件，不保存对文件的修改。

在 Navisworks 中，允许用户将保存的视点导出为外部 XML 格式文件，并在任意场景中导入保存的视点文件。Navisworks 通过保存视点文件并保存为外部视点文件的方式，实现多人间的协作。任何检视 Navisworks 场景的人、任何专业均可以将发现的问题保存于独立的视点文件中，最终再通过主文件将所有的视点文件通过导入的方式整合在主体场景模型中，实现快速切换各保存的视点。

Navisworks 还可以为在项目中不同专业、不同部位通过利用文件夹管理的方式组织场景中各视图，用于记录在综合协调时发现的各类问题。合理组织文件夹结构以及命名的规则，在 Navisworks 工作中具有非常重要的意义。

在默认情况下，保存的视图中并未保存当前视图的中图元的隐藏、强制状态。如图 4.5-8 所示，可以在"选项编辑器"对话框中，通过修改"视点默认值"选项来控制各保存视点默认是否勾选"保存隐藏项目/强制项目属性"和"替代材质"选项。还可以通过勾选"替代线速度"复选框，设置当保存视点时，是否以"默认线速度"替代原"编辑视点"对话框中设置的线速度值。

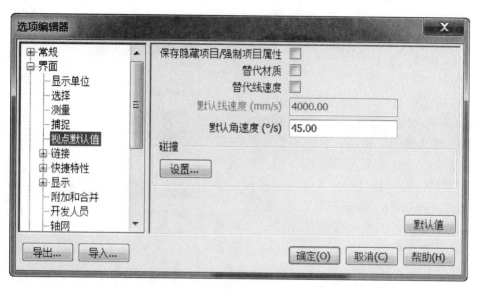

图 4.5-8 "选项编辑器"对话框

在该对话框中，还可以设置默认的"碰撞"虚拟对象的高度、半径、是否开启重力等。其操作方式与本章上一节中介绍的内容类似，在些不再赘述。

4.5.2 使用测量工具

在 Navisworks 中进行浏览和审查时，常需要在图元间进行距离测量，并对发现的问题进行标识和批注，以便于协调和记录。Navisworks 提供了测量和红线批注工具，用于对场景进行测量，并标识批注意见。

Navisworks 提供了点到点、点直线、角度、区域等多种不同的测量工具，用于测量图元的长度、角度和面积。可以通过"审阅"选项卡"测量"面板来访问和使用这些工具。

接下来通过练习说明 Navisworks 中测量工具的使用方式。

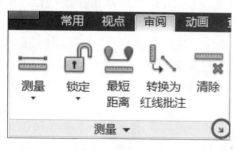

图 4.5-9 "审阅"选项卡"测量"面板

1）打开光盘"练习文件 \ 第 4 章 \ 4-5-2.nwd"场景文件。切换至"测量"视点位置。如图 4.5-9 所示，单击"审阅"选项卡"测量"面板标题右向下箭头，打开"测量工具"工具窗口。

2）如图 4.5-10 所示，在"测量工具"工具窗口中，显示了 Navisworks 中所有可用的测量工具。单击"选项"按钮，打开"选项编辑器"对话框，并自动切换至"测量"选项设置窗口。

3）如图 4.5-11 所示，单击"点到点"测量工具，在场景中分别单击两结构柱间边缘附近任意位置，Navisworks 将标注显示所拾取两点间距离，同时在"测量工具"面板中将分别显示所拾取的两点间的 X、Y、Z 坐标值，两点间的 X、Y、Z 坐标值差值以及

70

测量的距离值。

【提示】 测量的长度单位取决于 Navisworks 选项编辑器中"显示单位"的设置。

4）按键盘快捷键 F12，打开"选项编辑器"，如图 4.5-12 所示，切换至"捕捉"选项，在"拾取"选项中，确认勾选"捕捉到顶点"、"捕捉到边缘"和"捕捉到线顶点"选项，即在测量时 Navisworks 将精确捕捉到对象的顶点、边缘以及线图元的顶点；设置"公差"值为 5，该值越小，光标越需要靠近对象顶点或边缘时才会捕捉。完成后单击"确定"按钮退出"选项编辑器"对话框。

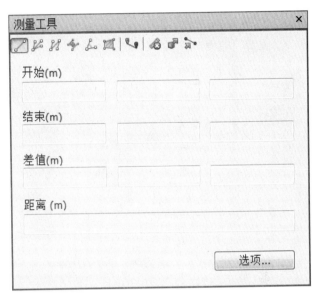

图 4.5-10 "测量工具"工具窗口

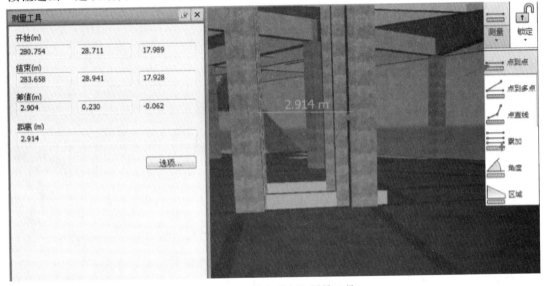

图 4.5-11 "点到点"测量工具

5）如图 4.5-13 所示，单击"测量"面板中"测量"工具下拉列表，在列表中选择"点直线"工具，注意此时"测量工具"面板中"点直线"工具 也将激活。

【提示】 "测量"工具面板中工具与"测量工具"面板中工具使用完全相同。

6）适当缩放视图，放大显示视图中楼板洞口位置。如图 4.5-14 所示，移动鼠标至洞口顶点位置，当捕捉至洞口顶点位置时，将出现图中所示捕捉符号；依次沿洞口边缘捕捉至其他顶点，并最后再捕捉洞口起点位置，完成后按键盘 Esc 键退出当前测量，Navisworks 将累加显示各测量的长度，该长度为该洞口周长。

【提示】 在测量过程中，可随时单击鼠标右键清除任何已有测量结果。

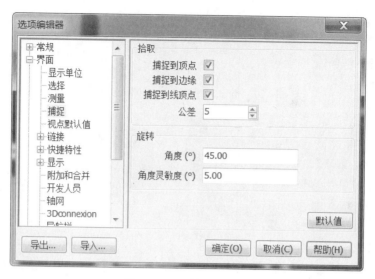

图 4.5-12 "捕捉"选项

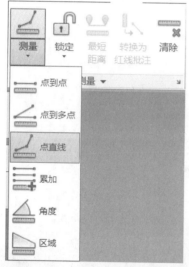

图 4.5-13 "测量"工具下拉列表

7）单击"测量工具"面板中"测量面积"工具 ，如图 4.5-15 所示，依次捕捉并拾取洞口顶点，Navisworks 将自动计算捕捉点间形成的闭合区域面积。按 Esc 键完成测量。注意 Navisworks 将清除上一次测量的结果。

【提示】 注意测量面积时无需像上一步中测量周长时那样捕捉至起点位置。

8）切换至"测量"视点。按键盘快捷键 Ctrl＋1 进入选择状态。配合键盘 Ctrl 键，单击选择任意两根相离消防管线。

9）注意此时"测量工具"面板中"最短距离"工具 变为可用。单击该工具，Navisworks 将在当前视图中自动在两图元最近点位置生成尺寸标注。

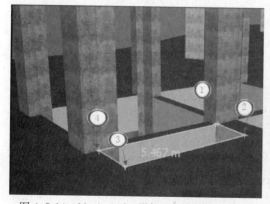

图 4.5-14 Navisworks 累加显示各测量的长度

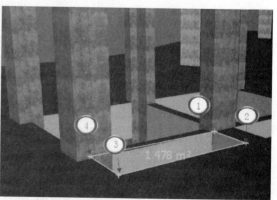

图 4.5-15 Navisworks 自动计算捕捉点间形成的闭合区域面积

【提示】 "最短距离"工具仅在选择两个图元情况下有效。Navisworks 会自动调整视点位置，以显示所选择图元间最短距离的位置。

Navisworks 还提供了测量方向锁定工具，用于精确测量两图元间距离。

10）切换至"测量"视点。使用"点到点"测量工具，单击"测量"面板"锁定"工具下拉列表，如图 4.5-16 所示，在锁定工具下拉列表中选择"Z轴"，即测量值将仅显示沿 Z 轴方向值。

11）如图 4.5-17 所示，移动鼠标至上结构板底面，捕捉至底面时单击作为测量起点；再次移动鼠标至下结构板位置，注意无论鼠标移动至任何位置，Navisworks 都将约束显示测量起点沿 Z 轴方向至鼠标位置的距离。单击结构板任意位置完成测量，Navisworks 将以蓝色尺寸线显示该测量结果。

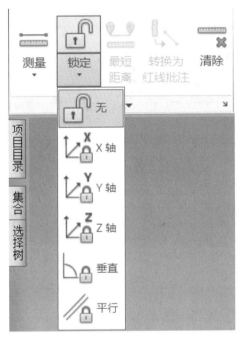

图 4.5-16　锁定工具下拉列表

图 4.5-17　Navisworks 以蓝色
尺寸线显示该测量结果

12）使用类似的方式，分别锁定 X 轴、Y 轴测量结构梁的宽度，结果如图 4.5-18 所示。注意 Navisworks 分别以红色和绿色显示 X 轴和 Y 轴方向测量的结果。

13）使用"点到点"测量工具，修改当前锁定方式为 Y 轴。移动鼠标至顶梁某位置，注意 Navisworks 仅可捕捉至梁表面边缘。重复按键盘"＋"，将出现缩放范围框，重复按键盘"＋"，直到该范围框显示为最小，如图 4.5-19 所示。

【提示】 按键盘"－"键可以放大缩放区域。

14）使用类似的方式，移动鼠标至右侧结构梁位置，按住键盘回车键不放，Navisworks 将放大显示该结构梁。捕捉至该结构梁中心线位置单击鼠标左键作为测量终点，完成后松开键盘回车键，Navisworks 将恢复视图显示。

15）注意此时标注了两管管间中心线距离，结果如图 4.5-20 所示。

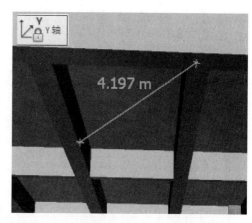

图 4.5-18　锁定 X 轴，Y 轴测量结构梁的宽度

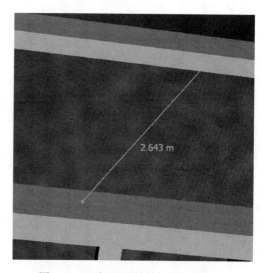

图 4.5-19　"点到点"测量工具　　　　　图 4.5-20　标注两管管间中心线距离

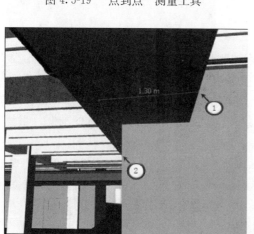

图 4.5-21　"点到点"测量方式

16）切换至"位置对齐"视点。该视点显示了结构梁与结构板碰撞。需要对风管进行移动以验证是否有足够的空间安装此风管。

17）使用"点到点"测量方式，确定锁定方式为"Y 轴"，如图 4.5-21 所示，分别捕捉至风管及墙边缘，生成测量标注，其距离为 1.30m。注意标注时拾取的顺序。

18）按键盘快捷键 Ctrl＋1 切换至选择模式，单击选择风管。单击"测量工具"面板中"变换对象"工具 ，Navisworks 将沿测量方向移动 1.30m，实现风管与墙边对齐。

19）至此完成测量操作练习。关闭当前场景，不保存对场景的修改。

在使用"对象变换"时，所选择图元将沿测量方向移动，因此必须注意测量的起点和终点顺序，以确保图元移动的正确方向。展开"测量"面板，如图 4.5-22 所示，在该面板中也提供了"变换选定项目"工具，该工具的使用方式与"变换对象"工具一致。

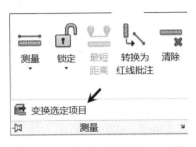

图 4.5-22 "变换选定项目"工具

在使用测量工具时，可以随时按键盘回车键对光标所在位置区域进行视图放大显示，以便于更精确捕捉测量点。缩放的幅度由缩放范围框大小决定，按键盘"＋"或"－"可以对范围框缩小或放大，范围框越小，放大的倍率越高。

Navisworks 提供了多种不同的测量方式，请读者自行尝试 Navisworks 中各测量工具的使用方式，限于篇幅，在此不再赘述。

在测量时，随时可采用"锁定"的方式来限定测量的方向，以得到精确的测量值。在测量时，可以使用快捷键来快速切换至锁定状态。各锁定功能及说明如表 4.5-1 所示。

各锁定功能及说明

表 4.5-1

功能	快捷键	使用说明	测量线颜色
X 锁定	X	沿 X 轴方向测量	红色
Y 锁定	Y	沿 Y 轴方向测量	绿色
Z 锁定	Z	沿 Z 轴方向测量	蓝色
垂直锁定	P	先指定曲面，并沿该曲面法线方向测量	紫色
平行锁定	L	先指定曲面，并沿该曲面方向测量	黄色

4.5.3 使用审阅工具

在 Navisworks 中还可以使用审阅工具中的红线批注工具随时对发现的场景问题进行记录与说明，以便于在协调会议时随时找到审阅的内容。红线批注的结果将保存在当前视点中。

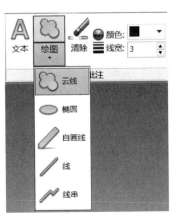

图 4.5-23 "审阅"选项卡

接下来通练习说明在 Navisworks 中使用审阅工具的一般步骤。

1）打开光盘"练习文件＼第 4 章＼4-5-3.nwd"场景文件。切换至"红线批注"视点。该位置显示了与墙冲突的风管图元，需要对该冲突进行批注，以表明审批意见。

2）稳当缩放视图，在"保存的视点"工具窗口中将缩放后视点位置保存为名称为"风管批注视图"。

3）切换至"审阅"选项卡，如图 4.5-23 所示，在"红线批注"工具面板中单击"绘图"工具下拉列表，在列表中选择"椭圆"工具；设置"颜色"为"红色"，设置线宽值为 3。

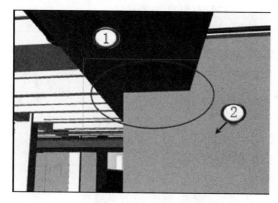

图 4.5-24　绘制椭圆批注线

4）如图 4.5-24 所示，移动鼠标至图中所示①点位置单击并按住鼠标左键向右下方拖动鼠标直到 ②点位置松开鼠标左键，Navisworks 将在范围内绘制椭圆批注线。

【提示】　在绘制时，Navisworks 不会显示椭圆批注红线预览。

5）设置"红线批注"面板中批注"颜色"为"黑色"；单击"红线批注"面板中"文本"工具，在上一步生成的椭圆红线中间任意位置单击，弹出如图 4.5-25 所示的文本输入对话框，输入批注意见，完成后单击"确定"退出文本对话框。

6）Navisworks 将在视图中显示当前批注文本。如图 4.5-26 所示。

图 4.5-25　文本输入对话框

7）使用"点到点"测量工具，按键盘快捷键"Y"将测量锁定为"Y 轴"模式。测量风管右侧边缘与墙左侧边缘距离。

【提示】　在使用测量工具时，Navisworks 会隐藏已有红线批注。

8）在"保存的视点"工具窗口中切换至"风管批注视图"视点位置，注意已有红线批注将再次显示在视图窗口中，同时 Navisworks 将显示上一步中生成的测量尺寸。

9）修改"红线批注"面板中批注"颜色"为红色。如图 4.5-27 所示，单击"测量"面板中"转换为红线批注"工具，Navisworks 将测量尺寸转换为测量红线批注。

图 4.5-26　视图中显示当前批注文本

图 4.5-27　"测量"面板中
"转换为红线批注"工具

10）适当缩放视图，注意当前视图场景中所有红线批注消失。在"保存的视点"面板中切换至"风管批注视图"视点，所有已生成的红线批注将再次显示。

11）至此完成红线批注练习。关闭当前场景，不保存对场景的修改。

红线批注仅显示在当前保存的视点中。如果还未保存当前视点，当使用红线工具时，Navisworks 将弹出如图 4.5-28 所示对话框，提示用户必须保存视点后或浏览碰撞结果时使用该工具。

注意当使用"转换为红线批注"工具将测量结果转换为红线批注时，Navisworks 会自动保存当前视点文件。可以建立多个不同的视点以存储不同的红线批注内容。

除椭圆外，Navisworks 还提供了云线、线、自画线、线串等其他红线批注形式。使用方法与椭圆类似，请读者自行尝试。

图 4.5-28　提示保存视点对话框

4.5.4　使用标记

如果当前视图中有多个审批意见，除使用红线批注中"文本"工具外，还可以添加标记功能添加多个标记与注释信息。如图 4.5-29 所示，单击"标记"面板中"添加标记"工具，鼠标指针变为 ✐。

图 4.5-29　"标记"面板中"添加标记"工具

如图 4.5-30 移动鼠标至要添加标记图元的任意位置，单击作为标记引出点，移动鼠标至任意位置单击作为标记放置点，Navisworks 将弹出"添加注释"对话框，可以该对话框中，输入该位置的处理意见。注意在添加标记时，Navisworks会在"保存"的视点中自动保存当前视点。

Navisworks 会对当前场景中所有"批注"进行编号。如图 4.5-31 所示，输入批注编号，单击"转至标记"工具 ⏩，可直接跳转到包含该标记的视图中。还可以使用向第一个标记、上一个标记、下一个标记和最后一个标记在不同的标记间浏览和查看。单击"标记 ID 重新编号"按钮，可对当前场景中所有标记重新进行编号和排序。

切换至包含注释信息的视图，配合使用"注释"面板中"查看注释"工具，可查看当前视点中所有注释内容。注释可以更进一步丰富 Navisworks 的批注功能，通过与"注释"功能的联用，可以对注释的状态等进行管理和讨论。

标记允许用户在不使用红线批注的前提下添加任意注释和意见，以方便对审批的管理。

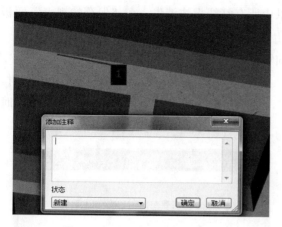

图 4.5-30 "添加注释"对话框

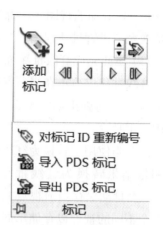

图 4.5-31 "转至标记"工具

5 基于 BIM 的结构构件（体系）属性定义及分析

5.1 基于 BIM 的结构构件（体系）属性定义及分析概述

1. 基于 BIM 的结构构件（体系）属性定义及分析的目的

基于 BIM 的结构工程专业模型是由结构柱、结构梁、结构板等多种结构构件搭建组成，这些构件作为 BIM 模型数据信息的载体包含了许多属性，除了基本的构件截面尺寸等几何信息以外，还包括许多非几何信息，例如构件材料、材料等级、荷载信息等内容。

结构工程师最关心的问题是结构分析与计算，通过对结构构件属性的定义与分析加深了对工程概况的理解，丰富了 BIM 模型的数据信息量，这些定义好的构件属性可重复应用于结构分析计算中，结构构件属性信息可以随着模型数据进行传递，转换成结构分析计算软件中可识别的属性或参数，省去了部分计算参数设置的步骤，最大限度地提升了工作效率，实现了 BIM 模型的重复利用。

2. 基于 BIM 的结构构件（体系）属性定义及分析的原理

在 BIM 建模软件中，结构构件有两组用来控制其外观和行为的属性：类型属性和实例属性。类型属性为某一种结构构件类型的所有不同实例所共用，修改类型属性的参数值会影响到该种类型结构构件当前和将来的所有的构件实例，修改实例属性的值将只影响选定的结构构件或者将要放置的结构构件。利用 BIM 属性定义与编辑，可以生成结构体系的技术指标明细表。利用属性编辑器添加或修改模型实体的属性值和参数，实现结构构件的平法标注等。

结构构件的属性也可通过在结构分析计算软件中进行定义，根据所要计算的工程情况来确定需要定义哪些属性，选择分析需要的属性类型并定义属性值。

结构分析主要包括结构整体力学性能分析，结构构件设计计算，结构抗震性能模拟分析，结构抗连续倒塌模拟分析，结构抗风舒适度分析。

5.2 结构构件属性定义与参数设置

5.2.1 结构构件属性定义与参数设置的方法

在 BIM 建模软件中设置参数的方法：

在 BIM 软件中建模的过程就是定义构件属性的过程，需要注意 BIM 软件对结构构件的实例属性和类型属性在定义和参数设置上的区别。结构构件的类型属性主要控制构件的截面尺寸参数和一些标示性的数据，实例属性中的参数比较丰富，设计人员可以根据设计需要进行增加或修改，除了一般的构件标高信息、构件材质、材料等级这些基本的参数外，实例属性中还可以包括针对结构分析设计的参数，例如钢筋保护层的设置以及构件配筋信息的修改等。当应用 BIM 分析模型用于结构分析计算时还需要对分析构件属性进行定义，分析构件的实例属性中有结构分析时需要的相关参数。

满足混凝土结构设计中非结构工程专业软件数据共享需求的参数：

a. 柱：DBItemGuid（数据记录唯一标识），GuID（对象唯一标识），描述信息，定位信息，截面，材料，配筋信息（角筋配筋，侧纵筋配筋，箍筋配筋），埋件，Geometry（三维几何展示）。

b. 墙：DBItemGuid（数据记录唯一标识），GuID（对象唯一标识），描述信息，定位信息，截面，材料，配筋信息（分布筋，边缘构件筋，墙梁配筋，洞口补强筋），埋件，Geometry（三维几何展示）。

c. 梁：DBItemGuid（数据记录唯一标识），GuID（对象唯一标识），描述信息，定位信息，截面，材料，关联洞口信息，配筋信息（支座上纵筋，跨中上部筋，下纵筋，腰筋，加腋筋，箍筋，吊筋，洞口补强纵筋，洞口补强箍筋，表层钢筋网），埋件，Geometry（三维几何展示）。

d. 板：DBItemGuid（数据记录唯一标识），GuID（对象唯一标识），描述信息，定位信息，截面，材料，关联洞口信息，配筋信息（分布筋，负筋，洞口补强筋），埋件，Geometry（三维几何展示）。

满足混凝土结构设计中结构工程专业软件协同工作需求的参数：

a. 柱：DBItemGuid（数据记录唯一标识），GuID（对象唯一标识），描述信息，定位信息，设计指标，关联网格，截面，材料，荷载，约束，内力，设计结果，配筋信息（角筋配筋，侧纵筋配筋，箍筋配筋），埋件，Geometry（三维几何展示）。

b. 墙柱：DBItemGuid（数据记录唯一标识），GuID（对象唯一标识），描述信息，定位信息，设计指标，关联网格，截面，材料，荷载，约束，内力，设计结果，关联洞口信息，配筋信息（分布钢筋，边缘构件筋，洞口补强筋），埋件，Geometry（三维几何展示）。

c. 墙梁：DBItemGuid（数据记录唯一标识），GuID（对象唯一标识），描述信息，定位信息，设计指标，关联网格，截面，材料，荷载，约束，内力，设计结果，关联洞口信息，配筋信息（墙梁钢筋，墙暗撑及斜筋，洞口补强筋），埋件，Geometry（三维几何展示）。

d. 梁：DBItemGuid（数据记录唯一标识），GuID（对象唯一标识），描述信息，定位信息，设计指标，关联网格，截面，材料，荷载，约束，内力，设计结果，关联洞口信息，配筋信息（支座上纵筋，跨中上部筋，下纵筋，腰筋，加腋筋，箍筋，吊筋，洞口补强纵筋，洞口补强箍筋，表层钢筋网），埋件，Geometry（三维几何展示）。

e. 连续梁：DBItemGuid（数据记录唯一标识），GuID（对象唯一标识），描述信息，定位信息，关联梁，配筋信息，Geometry（三维几何展示）。

f. 板：DBItemGuid（数据记录唯一标识），GuID（对象唯一标识），描述信息，定位信息，设计指标，形状，关联网格，截面，材料，荷载，约束，关联洞口信息，内力，设计结果，配筋信息（分布筋，负筋，洞口补强筋），埋件，Geometry（三维几何展示）。

在结构分析计算软件中设置参数的方法：

计算软件中有专门设置分析计算参数的选项，包含了大部分结构分析计算时涉及的控制参数，包括场地类别等总信息，计算控制信息，抗风、抗震参数及调整信息，基本设计材料和计算方法等。

5.2.2 结构构件属性定义与参数设置的软件操作示例

在 PKPM 软件中有专门的分析和设计参数补充定义这一项，具体涉及的参数如图 5.2-1 所示。

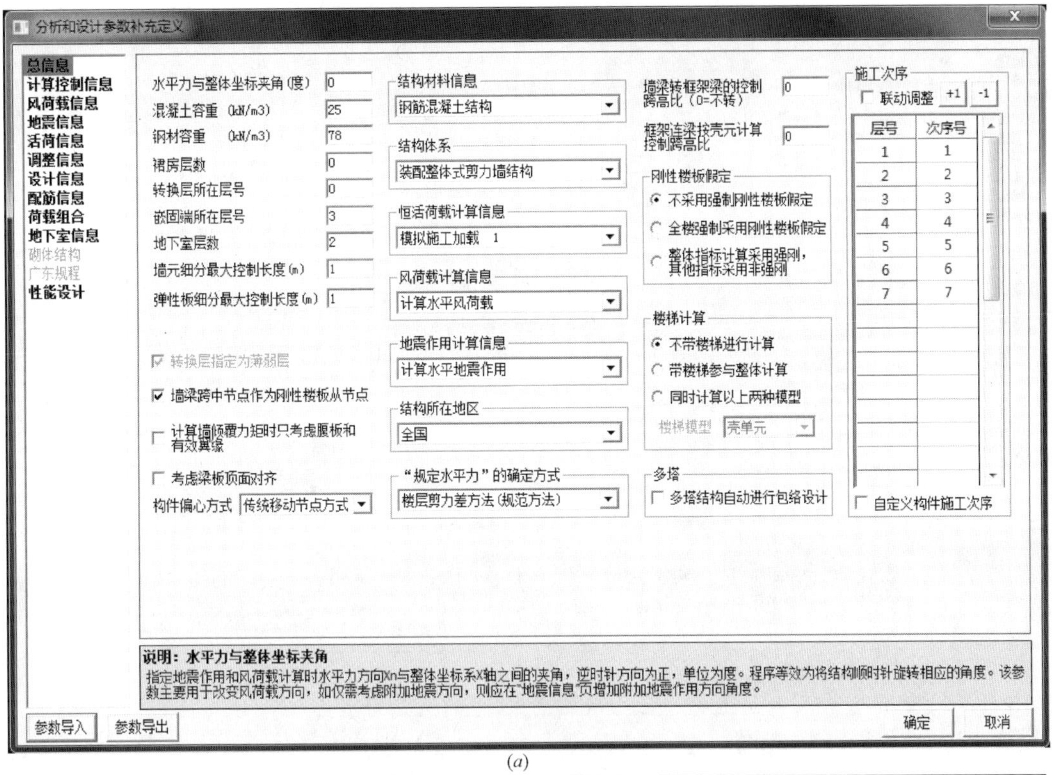

(a)

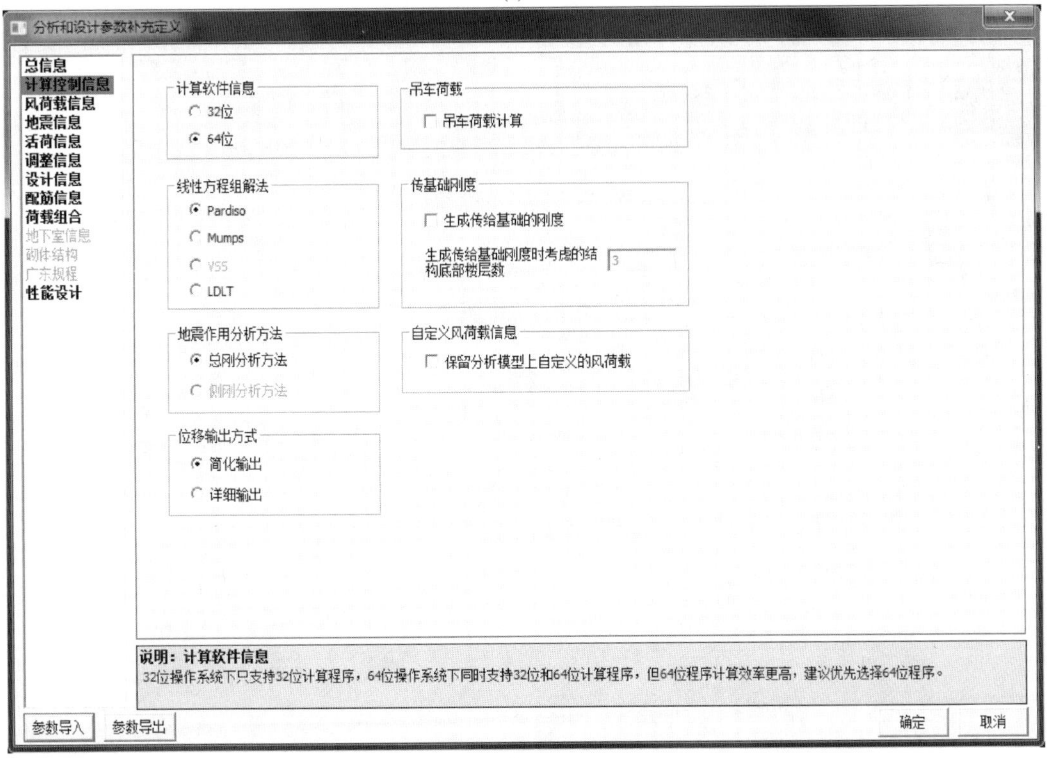

(b)

图 5.2-1 参数设置（一）

(a) 总信息；(b) 计算控制信息

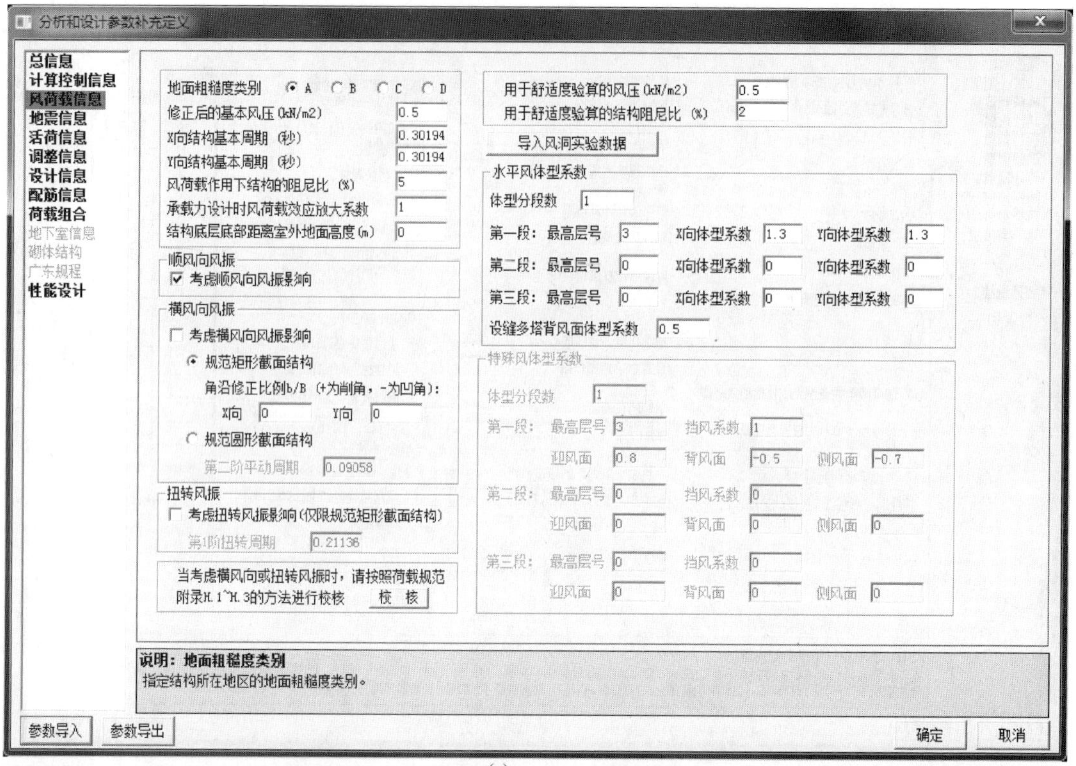

(c)

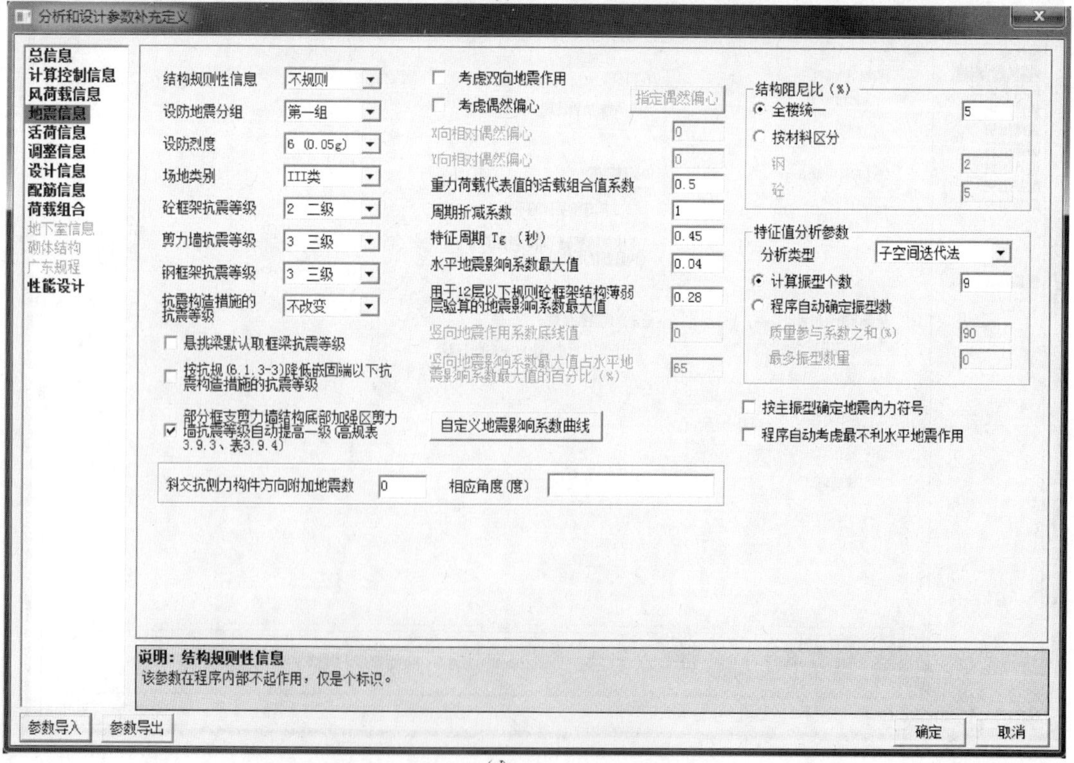

(d)

图 5.2-1 参数设置（二）

(c) 风荷载信息；(d) 地震信息

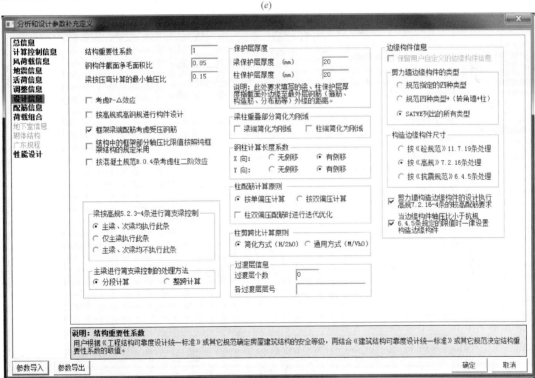

(e)

(f)

图 5.2-1 参数设置（三）

(e) 调整信息；(f) 设计信息

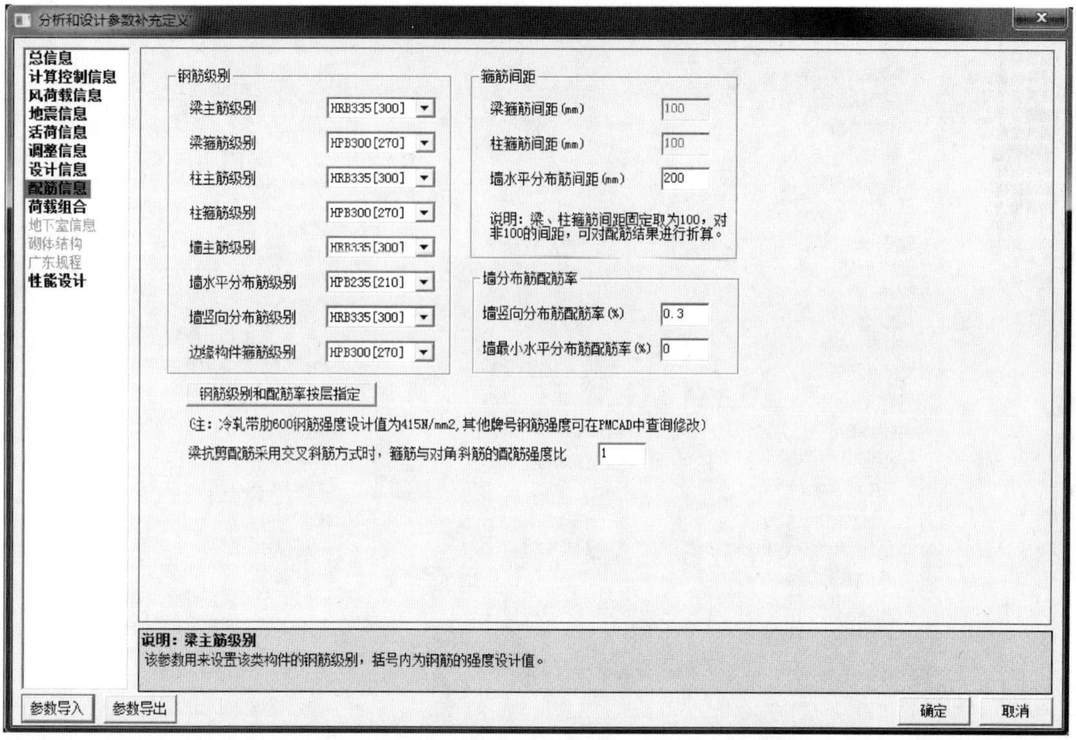

(*g*)

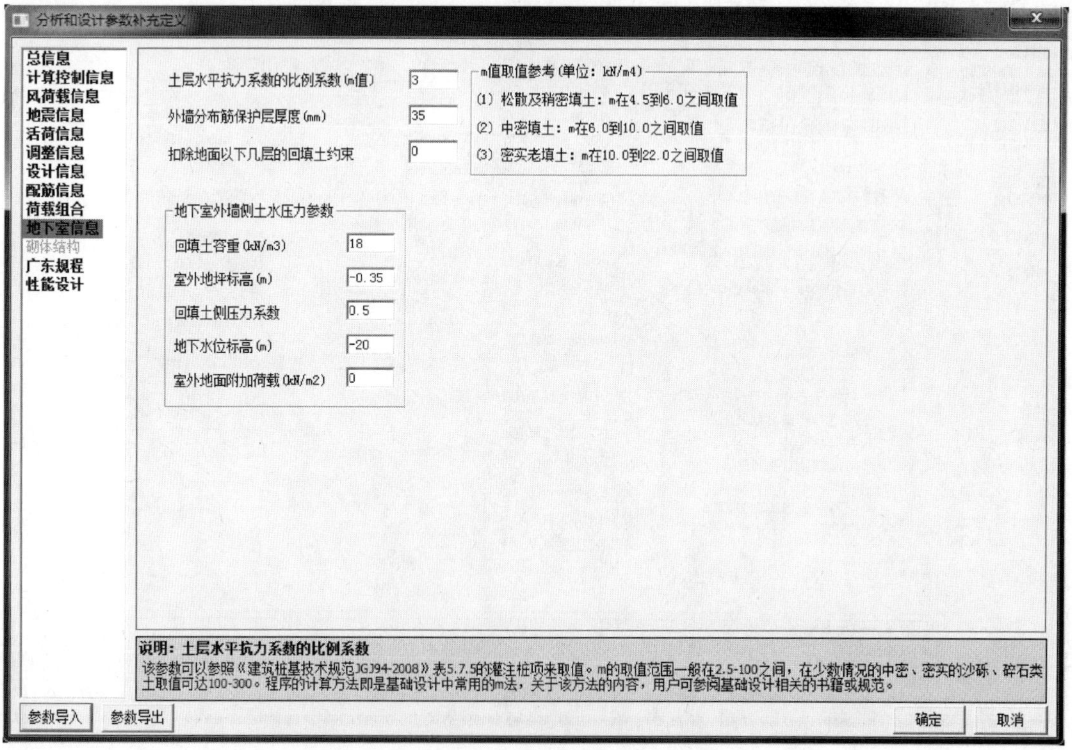

(*h*)

图 5.2-1　参数设置（四）

（*g*）配筋信息；（*h*）地下室信息

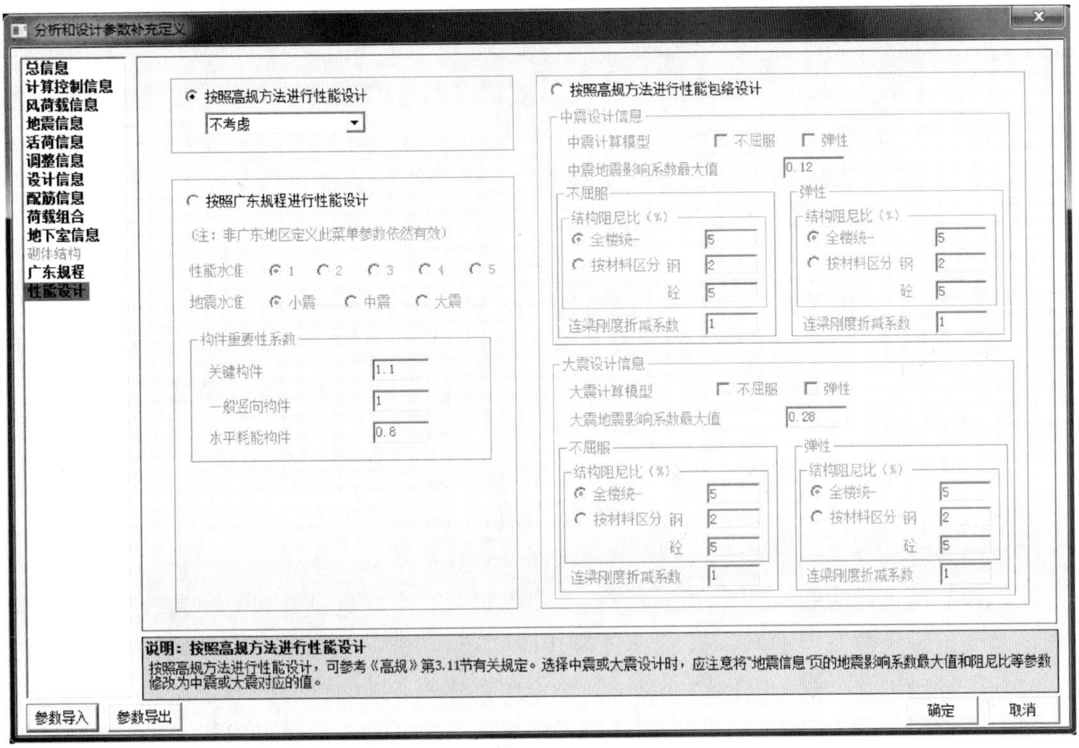

(i)

图 5.2-1　参数设置（五）

(i) 性能设计

5.3　结构体系的加载

5.3.1　结构体系的加载的方法

　　一般结构体系的加载方法是在结构分析计算软件中对计算模型进行加载，包括楼面恒、活荷载、线荷载或动力荷载等。

　　在 BIM 设计过程中，为了避免 BIM 模型在向结构计算软件传递的过程中出现差错，一般也不在 BIM 模型中加载。

　　但 BIM 模型是可以加载的，不是在结构构件实体模型上加载，而是在分析模型上加载，荷载包括点荷载、线荷载、面荷载，荷载工况包括恒荷载、活荷载、雪荷载、风荷载、温度荷载、地震荷载等，都可以布置在分析模型上，还可以根据规范完成荷载组合的设置，加载完成的分析模型可以被分析计算软件识别。

5.3.2　结构体系的加载方法的软件操作示例

　　PKPM：

　　a. 楼面恒活荷载；

b. 非楼面传来的梁间荷载、次梁荷载、柱间荷载、墙间荷载、节点荷载；

c. 人防荷载、吊车荷载，荷载布置前必须要定义它的类型、值、参数信息。

一般来说，大部分工程采用 SATWE 缺省的"水平风荷载"即可，如需考虑更细致的风荷载，则可通过"特殊风荷载"实现。程序依据《建筑结构荷载规范》GB 50009—2012 风荷载的公式在"生成 SATWE 数据和数据检查"时自动计算的水平风荷载，作用在整体坐标系的 X 向和 Y 向。

YJK：

荷载按照类型分别输入，包括恒载、活载、风荷载、吊车荷载、人防荷载、移动荷载。荷载逐层输入，层与层之间可以拷贝复制。

恒载、活载分为楼板荷载、梁墙荷载、柱间荷载、节点荷载、次梁荷载、板间荷载共六种情况。

荷载输入菜单下的"移动荷载"输入菜单，可处理类似适应悬挂吊车、楼面铲车等类移动荷载。移动荷载的定义是输入竖向集中力值、水平刹车力值、轮数、轮距，水平刹车力是指沿着移动方向的水平力。

风荷载和地震荷载的设置在设计参数菜单下进行，主要是设置相关的参数。对于风荷载的主要是输入修正后的基本风压、风荷载的体形系数等参数，并选择风荷载的计算方式。在上部结构计算程序中程序可自动计算作用在建筑各层的风荷载。

对于地震荷载主要是输入地震烈度、场地土等参数，并选择地震计算的各种选项。地震作用的计算在上部结构计算程序中进行。

可以看出，对于恒、活、人防、吊车荷载的输入，需要将荷载布置到相关的楼层和构件上，需要一系列的人机交互布置操作；而风荷载、地震作用是输入相关参数，由程序自动计算荷载作用并自动施加到相关楼层和构件上。加载过程如图 5.3-1 所示。

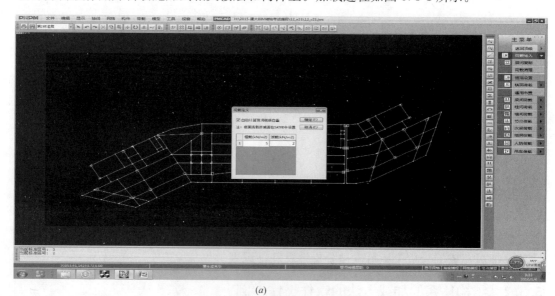

(*a*)

图 5.3-1　加载过程（一）

(*a*) 荷载定义

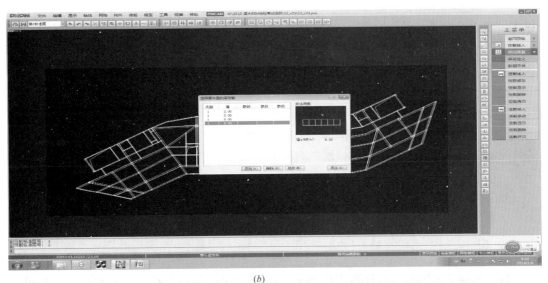

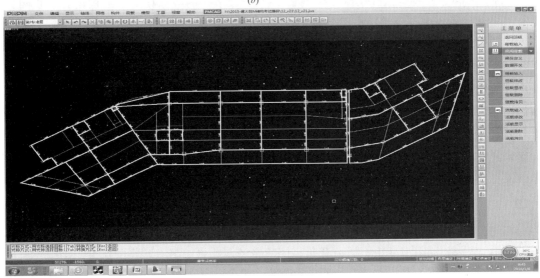

(c)

图 5.3-1　加载过程（二）

(b) 荷载布置；(c) 结果显示图

5.4　常见结构的计算分析

基于 BIM 的结构整体力学性能分析方式是：工程师将 BIM 模型发送到结构分析软件，分析程序进行分析计算，随后返回设计信息，并更新 BIM 模型和施工图文档。结构工程师搭建 BIM 模型时，要注意 BIM 模型能否自动生成 2D 施工图文档，也要注意 BIM 模型能否自动转化为可以被第三方结构分析软件认可的结构分析模型。

由于结构分析模型中包括了大量的结构分析所要求的各种信息，如：材料的力学特性，单元截面特性，荷载，荷载组合，支座条件等，所以结构工程师的 BIM 模型就会因繁多的参数而异常复杂。为保证建模精度，提高建模效率，可以通过在 BIM 软件创建基础模型，然后通过接口程序将模型导入结构计算软件中进行计算。

1. 抗震

有限元法等现代数值计算方法在钢筋混凝土结构分析中得到了越来越广泛的应用。有限元法能够给出结构内力和变形发展的全过程；能够描述裂缝的形成和开展，以及结构的破坏过程及其形态；能够对结构的极限承载能力和可靠度做出评估；能够揭示出结构的薄弱环节，以利于优化结构设计。同时，它能广泛地适用于各种结构类型和不同受力条件和环境。

利用有限元方法对混凝土结构进行分析有以下优点：可以在计算模型中分别反映混凝土和钢筋材料的非线性特性；可以代替部分试验，进行大量的参数分析，从而为制定设计规范和标准提供依据可以提供大量的结构反馈信息，如应力、应变的变化过程，结构开裂以后的各种状态。

目前大部分有限元分析软件都提供了支持 IFC 格式的数据接口，结构设计人员可以将 BIM 建模软件中创建的结构信息模型，甚至是在模型上加载的荷载一同导入到有限元分析软件中，省去了设计人员重复建模的时间，提高了工作效率。

2. 抗风

风荷载是高、大、细、长等柔性结构的重要设计荷载，有时甚至起到决定性作用，抗风设计是工程结构设计中的重要内容。风荷载和结构的设计参数具有明显的随机不确定性，因此从概率角度研究风荷载及风荷载作用下结构的静、动力响应是抗风设计的基本手段之一。

在侧向力作用下，高层结构发生振动，当振动达到某一限值时，人们开始出现某种不舒适的感觉。由于建筑高度的迅速增大、建筑结构体系的不断改进以及大量轻质材料的使用等方面的因素，使得高层建筑结构越来越柔，再加上风作用频繁，就使得舒适度成为高层建筑设计和控制的重要因素，甚至是决定因素。高层和超高层建筑钢结构由于高度的迅速增加，结构振动阻尼变小，风荷载对高层建筑的影响更加显著，高层建筑钢结构对风运动的人体舒适度则上升为首要和控制的因素。

3. 检查

按专业规范对结构的平面、立面相应尺寸检查，包括：结构总高度、结构高宽比、各层平面长宽比等应满足控制要求；对结构体系进行界定，并确定是否为特殊体型：连体、错层、大底盘多塔等。需要核定的有：抗震等级、场地类别、地震影响系数、特征周期值等设计指标。

构件截面检查：对梁受压区高度进行验算；计算墙、柱构件轴压比，满足专业规范延性控制要求；计算梁、柱、墙构件剪压比，满足专业规范相应控制要求；对墙肢稳定性进行验算；计算连梁剪压比，满足专业规范相应控制要求。

抗震指标检查：计算各层质心与刚心偏心率，满足专业规范相应控制要求；计算第 1 扭转周期与第 1 平动周期之比，满足专业规范相应控制要求；计算各周期振型参与质量系数之和，检查振型数是否满足要求；计算结构各楼层剪重比，满足专业规范相应控制要求；计算结构各楼层层间位移角，满足专业规范相应控制要求；计算结构各层扭转位移比

（按位移比和层间位移比分别统计），满足专业规范相应控制要求；计算结构刚重比，检查重力二阶效应的影响；计算地下一层和首层侧向刚度比，满足专业规范相应控制要求；计算本层与上层侧向刚度及上三层侧向刚度平均值之比，满足专业规范相应控制要求；框架-剪力墙结构体系中，计算地震作用下，各层剪力墙、外框柱、斜撑各自承担的剪力和倾覆弯矩，满足专业规范相应控制要求；剪力墙结构体系中，计算地震作用下，各层短肢剪力墙承担的倾覆弯矩，满足专业规范相应控制要求。

结构正常使用极限状态检查：对梁挠度检查；对梁裂缝宽度检查；计算风荷载下各层层间位移角，满足专业规范相应控制要求；计算结构顶点风振加速度，满足专业规范相应控制要求；计算楼盖竖向振动加速度，满足专业规范相应控制要求。

结构荷载检查：检查计算位移控制与承载力设计时各自基本风压；检查设计楼面梁时按从属面积确定的活荷载折减系数；检查设计墙、柱、基础时按楼层数确定的活荷载折减系数。

5.4.1 常见结构的计算分析方法的方法

框架结构

框架结构的计算是通过在计算软件中输入符合规范要求的参数，选择试用的计算规则后由计算软件自动完成分析计算的过程。

剪力墙结构

剪力墙结构的建模方法与框架结构基本相同，剪力墙的布置在符合建筑要求的情况下还要注意墙的高厚比等限制条件，避免过长的墙肢，开洞位置尽量上下一致，上部建筑条件有变化时布置的剪力墙必须在其下安排剪力墙进行承托等条件和要求。

框架-剪力墙结构

框架-剪力墙结构的分析计算需要同时兼顾框架结构和剪力墙结构两方面的要求。

5.4.2 常见结构的计算分析的软件操作示例

在 PKPM 结构分析计算软件中创建计算模型，布置结构梁和结构柱，结构板可依据边界条件和设定好的板厚自动生成，楼板开洞时需设置洞口，楼梯的建模可简化完成。如图 5.4-1 所示。

BIM 软件中的模型可以通过接口程序导入到计算软件中转换为计算模型，转换时一般需要对结构构件的类型和尺寸进行匹配，以便软件能够顺利识别构件的属性信息。框架结构由于结构形式相对简单，所以转换过程一般不会产生差错。

计算模型通常以标准层为单位，每一标准层结构模型的层高和该层结构构件的钢筋等级、混凝土标号等设计信息都需要进行设置，这些信息也可以在 BIM 软件建模时附加到结构构件的属性定义和参数设置中，随着模型转换的过程传递到结构计算软件中。如图 5.4-2 所示。

计算模型创建完成后需要依据建筑条件在模型上附加设计荷载信息。某些计算软件能够与 BIM 建模软件对接，直接能够读取 BIM 建模软件中附加荷载信息的分析模型进行分析设计。

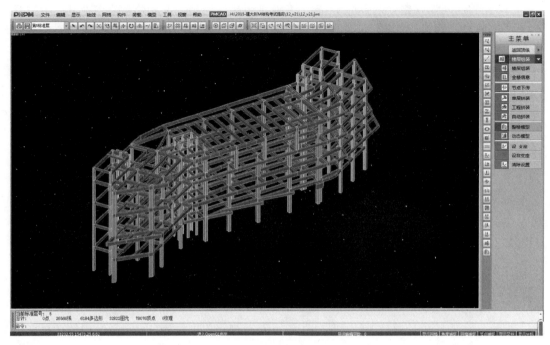

图 5.4-1　创建建筑模型

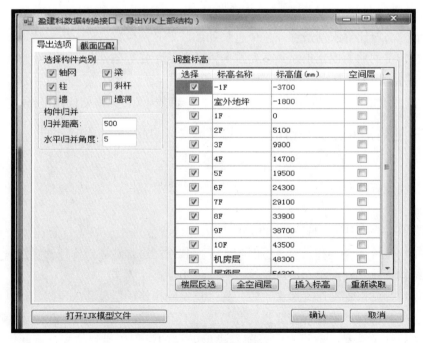

图 5.4-2　创建计算模型

　　荷载信息定义完成后进行组装形成完整的计算模型，在计算模型的基础上补充定义基本设计信息，设定无误后对模型中的特殊构件进行处理，接着做计算前的最后一次自动模型检查，然后进入分析计算步骤。计算完成后查看位移比、位移角等几项规范规定的控制指标，根据指标情况调整模型和相关参数，重新计算后查看配筋结果信息，注意挠度、裂缝等限制条件，完成全部上部结构的计算工作。计算过程如图 5.4-3 所示。

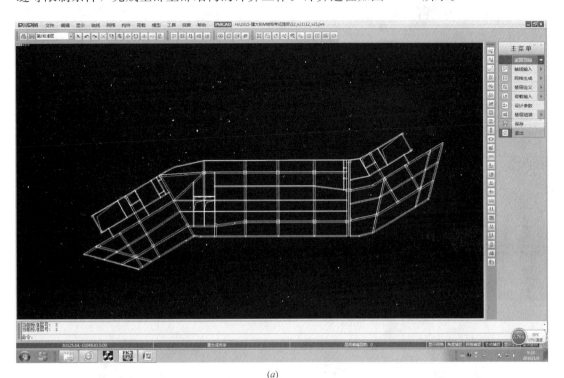

(a)

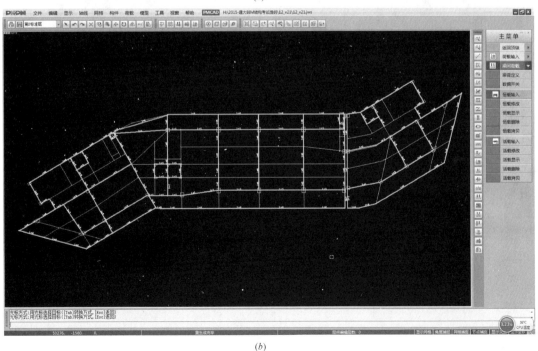

(b)

图 5.4-3　计算过程（一）

(a) 模型检查；(b) 荷载检查

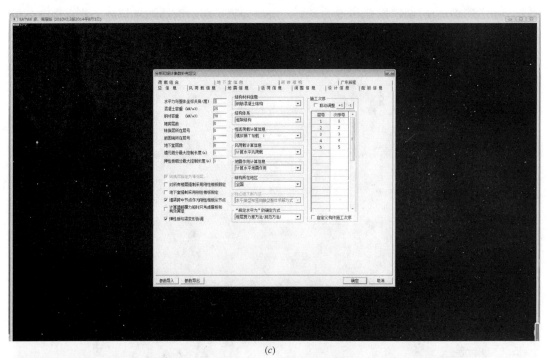

(c)

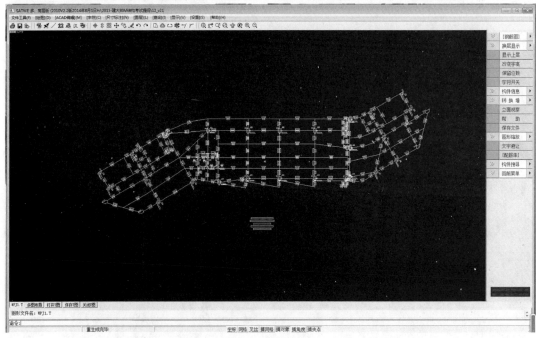

(d)

图 5.4-3　计算过程（二）

(c) 调整计算参数；(d) 调整构件参数

1. Revit 与 PKPM 的数据交换

PKPM 与 Revit 联合开发了一款模型数据交互的接口程序 R-STARCAD，接口程序安装后会附加在 Revit 的功能条上,可将 Revit 模型导出成 R-STARCAD 的 SC 格式文件。导出模型时可以设置导出的构件类型,包括轴线、结构梁、结构支撑、结构柱、结构墙、洞口和楼板等。还可以设置导出的荷载选项。模型选项要选择几何模型,接口程序目前还不支持 Revit 的分析线模型。

由于 PKPM 中的模型构件会按照节点来划分,如果直接将模型导入到 Revit 中的话,构件是分段不连续的,需要花费一些时间重新布置构件。

2. Revit 与 YJK 的数据交换

为了解决结构工程专业在 BIM 应用中存在的问题,YJK-Revit 产品提出了一套可行的解决方案,最大程度实现 YJK 结构设计模型和 Revit 三维结构模型的信息共享。

YJK-Revit 产品主要分为模型控制、模板图、施工图和三维钢筋四个部分的内容,实现了模型几何定位、结构计算信息、构件钢筋信息、施工图绘制以及三维实体钢筋的数据传递和共享。模型控制:完成 YJK 结构计算模型和 Revit 三维 BIM 模型的信息共享,主要实现了上部结构、基础、配筋以及钢结构模型数据的一键式传递,并且通过完善的模型更新机制保证了结构计算数据和 Revit 数据的无缝传递。

模板图:实现了楼层表、截面尺寸、楼板厚度及错层等结构标注信息在 Revit 当中的自动生成。并且提供了详细的参数可以供客户对绘图比例、字体尺寸等参数信息进行调整。施工图:利用 Revit 的标注族完成 YJK 中梁、柱、剪力墙、楼板的平法施工图的绘制。三维钢筋:借助于 YJK 的后台数据驱动实时生成构件三维钢筋,并且在三维钢筋的参数上挂接相应的钢筋属性,大大提高了三维钢筋的生成效率以及钢筋信息的实用性。

模型互倒的操作流程简介:

(1) Revit 模型导入 YJK 模型操作流程

① 打开需要生成结构模型的 Revit 文件。

② 在导出选项中调整标高及归并距离等参数。如图 5.4-4 所示。

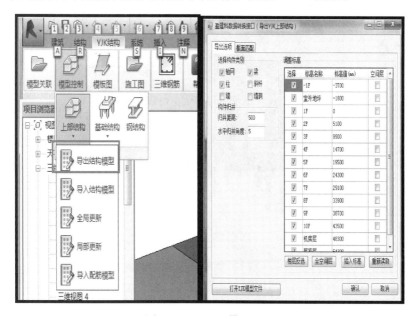

图 5.4-4　Revit 模型导出

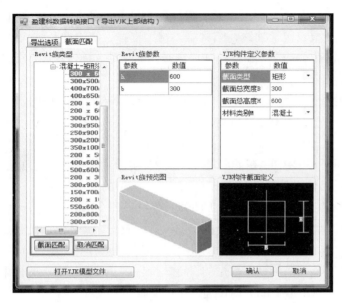

图 5.4-5 截面匹配

③ 进行截面匹配，将 Revit 中的族匹配成 YJK 可以识别的截面形式（只有进行匹配的截面才进行转换，不匹配不转换，如果匹配成功则条目颜色将变成绿色）。如图 5.4-5 所示。

④ 参数设定完成后点击"确认"按钮，模型转换成功后将弹出"模型转换完毕"提示框，并自动定位生成文件的路径（也可以在再次加载时通过"打开 YJK 模型文件"按钮进行定位）。程序将在 Revit 文件的同级目录下生成一个 *.ydb 文件。

⑤ 新建一个 YJK 工程，在 YJK 主窗口中点左上角数据导入命令，加载生成的 YJK 文件创建 YJK 结构模型。

具体模型转换过程如图 5.4-6 所示。

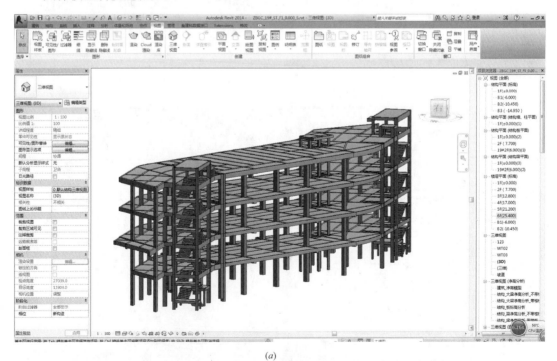

(a)

图 5.4-6 模型转换过程（一）

(a) 打开 Revit 文件

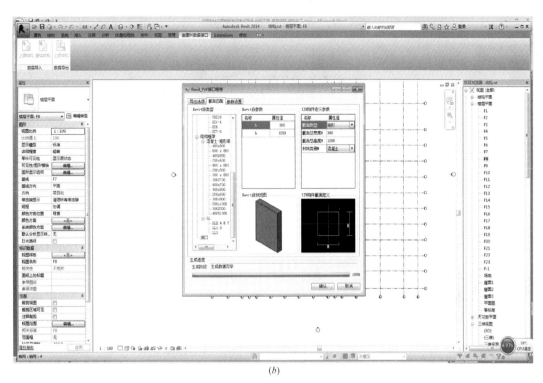

(b)

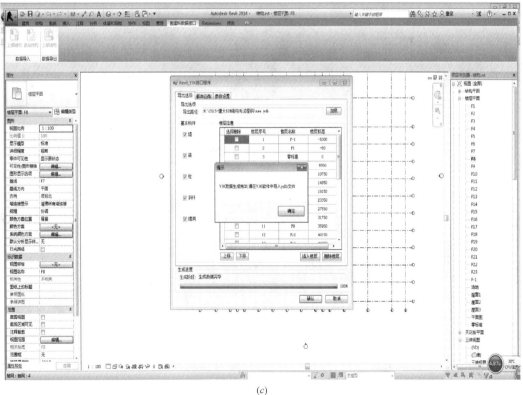

(c)

图 5.4-6　模型转换过程（二）

(b) 截面匹配；(c) 生成中间文件

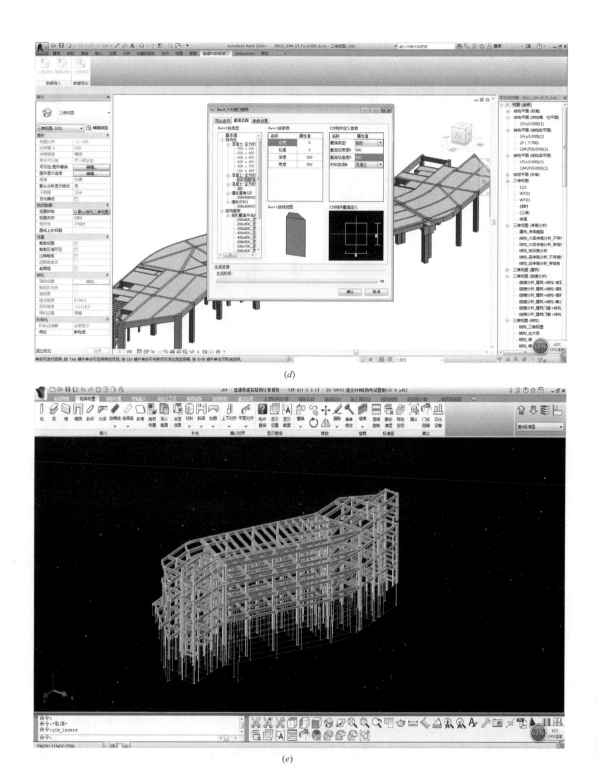

图 5.4-6　模型转换过程（三）

(d) 特殊截面处理；(e) 导入中间文件图

YJK 模型导入 Revit 模型操作流程：

① 打开空白的 Revit 文档并保存。

② 在【设置关联打开】对话框中关联需要导入 Revit 的 YJK 模型路径。如图 5.4-7 所示。

图 5.4-7　设置模型关联文件

③ 生成模型信息中的所需要的上部结构信息。如图 5.4-8 所示。

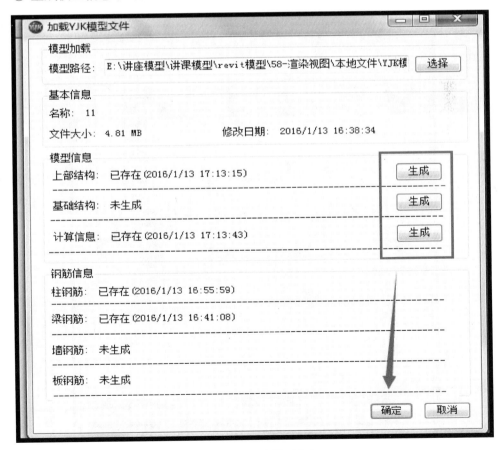

图 5.4-8　生成模型信息

④ 点击【上部结构】菜单的导入结构模型。如图 5.4-9 所示。

图 5.4-9　导入上部结构模型

⑤ 设置模型导入参数。如图 5.4-10 所示。

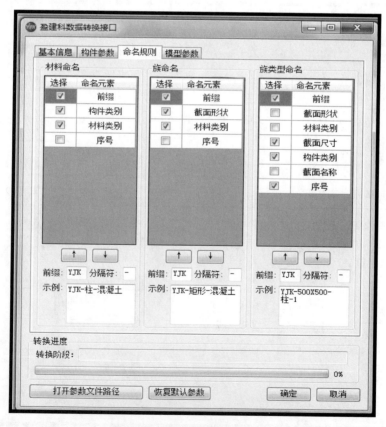

图 5.4-10　设置模型参数

⑥ 点击确定开始模型导入，导入成功后出现"模型转换完毕"提示。

3. Revit 与 Midas 的数据交换

利用 Midas Link for Revit Structure 接口程序可以直接在 Midas Gen 和 Revit 之间进行模型数据的转换。接口程序可以直接将 Revit 模型数据导入到 Midas Gen，并且根据 Midas Gen 中模型修改，更新 Revit 模型文件。该转换程序安装后成为 Revit 的一个插件，而 Midas Gen 文本文件 MGT 将被用于导入导出过程。

具体到每个软件，由于其各自的数据格式不同，其软件接口的程序实现存在较大差异，比如 PKPM/YJK 采用标准层描述结构模型，MIDAS/Building 采用自然层描述，而 ETABS 则采用结点集和构件集来描述。

其中 Revit 软件已经实现了和 ETABS、Robot、PKPM 以及 STAAD 之间数据的转换，并且都是使用结构分析软件专用的格式来实现的。

Revit 软件和 SAP2000 都支持的数据格式是 .dxf 和 .ifc 文件，但是通过这两个文件格式转换模型数据，存在如下问题：

（1）.dxf 文件是一个通用的图形交换文件，是不同类型的计算机可通过交换 dxf 文件来达到交换图形的目的。Revit 软件中的模型经 .dxf 文件导入 SAP2000 中，这样会造成大量结构信息的丢失，并且导入的 .dxf 文件只是一些简单的几何图形，并不能供结构工程师直接做结构分析使用。

（2）.ifc 是建筑生命周期中建立各个专业之间信息共享的一个普遍意义的基准，为建筑行业相关产品提供了 IFC 标准的数据交换接口，使得各专业的设计和管理的一体化整合成为现实。产生此标准的目的是使建筑行业中不同专业以及同一专业中的不同软件可以共享相同的数据源，最终达到数据的共享和交互。此文件格式用于中间文件，包含的结构信息不够全面，导致信息的严重丢失，不能把 SAP2000 需要的所有结构信息都导入。

6 基于BIM的图档输出

6.1 基于BIM的图档输出概述

6.1.1 基于BIM的图档输出的目的

随着BIM技术的普及应用，以二维图纸为主要信息载体的交付体系将逐步过渡到以BIM模型为主并关联生成二维视图的交付体系。这是BIM模式下图纸交付的总体趋势和方向。但是，按照当前国家法律规定及现阶段建筑工程的实际情况，二维图纸仍是设计师主要的交付产品，是设计师与客户及施工单位进行交流的主要方式，也是施工组织的依据，特别是施工图图纸，是具有法律效力的设计文件，从表达形式及设计深度上必须符合当地法律法规及设计规范的要求。因此，无论是从当前国家法律规定及现阶段建筑工程的实际情况，还是从BIM技术发展趋势考量，基于BIM的图档输出都具有重要的实用价值。

6.1.2 基于BIM的图档输出的原理

图档输出文件是由系统产生的一份图形（或非图形）信息。例如：平面图、剖面图、立面图、明细表或其他项目视图。根据BIM三维模型生成平面、立面、剖面及详图索引等二维视图，并按要求添加标注与注释。根据计算分析软件的计算结果，在视图中添加梁板柱基础等的钢筋标注信息。完成设计图纸所需的标注信息后，将视图插入标准图框中进行排版，形成满足二维制图规范要求的二维图纸，并发布为不可修改的图纸格式，如以DWF（优先选择）、PDF或其他不可编辑的格式发布，并以处理传统文档的方式对其进行校核、审批、发布和归档。

依据BIM模型生成二维图纸的优点是，能够方便的根据三维模型生成各种二维视图，并且能够保持BIM模型与二维视图的一致性与关联性，完全实现一处修改，处处更新，有效的避免了重复工作及修改错误的产生。

6.1.3 基于BIM的图档输出的适用范围

基于BIM的图档输出适用于设计出图所需的平立剖视图等大部分图纸，但对于钢筋的出图，从当前软件的能力及出图效率的角度看，还不能全部按实际钢筋模型出图，主要结构构件的配筋仍需要采用平法表达方式。另外，设计图纸中的通用图及节点构造详图等需要在二维图纸中绘制细节，以完成最终的设计图纸。

6.1.4　基于 BIM 的图档输出的方法分类

　　基于 BIM 的图档输出方法可分为两种，第一种是完全在 BIM 软件内对视图和图纸进行整理汇编，第二种方法是将视图输出到 CAD 环境中，使用二维制图工具进行编制和图形加工。当采用第二种方法导出到 CAD 中"完成"设计会抹杀 BIM 数据的协调优势，应尽量避免采用。

　　如果项目中有链接的 CAD 或 BIM 数据，设计团队应确保在输出工程图纸时是直接从"项目共享区"获得最新的、经过审核的设计信息。如图 6.1-1 所示。

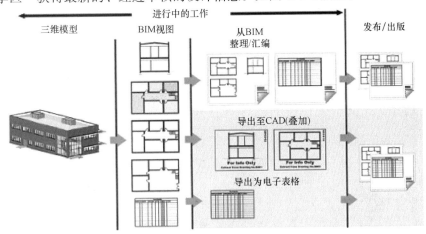

图 6.1-1　基于 BIM 的图档输出方法

6.2　视图设置及图纸布置

6.2.1　视图设置及图纸布置的方法

　　视图的设置应满足结构施工图设计深度的规定，平面视图应包含基础平面布置图、剪力墙或框架柱等竖向构件布置图、结构楼层模板图、结构楼层梁布置图。详图视图主要包含楼梯详图及节点构造大样图。对于比较复杂的结构或构件，应增加剖面视图。视图中应添加孔洞、埋件、螺栓、变形缝、后浇带等三维模型中未体现的信息。

　　视图设置的方法：生成平立剖视图是 BIM 软件的基本功能，根据模型生成平立剖视图后，通常需要进行以下操作：（1）设置视图比例，（2）设置视图的显示范围，（3）可见性设置，（4）隐藏多余的构件信息，（5）补充必要的信息，（6）设置线型线宽、调整图面效果等。也可通过设置视图样板来统一管理视图的设置。

　　图纸的布置，施工图图纸应包含图纸目录、结构设计说明、设计图纸三部分。图纸目录、结构设计说明以及与 BIM 模型无关联的构造详图可利用 BIM 软件的文字、绘图和表格工具生成，也可以通过链接 CAD 图纸来添加到 BIM 平台中。设计图纸主要通过在标准图框中添加视图来生成。

　　如在同一张图纸上绘制若干个视图时，宜在左上位置布置主要视图，优先布置主要图样，再布置次要图样。表格、图纸说明布置在绘图区的右侧。当一个视图比较长无法放入一张图纸时，需对其进行拆分。

每个视图一般均应标注图名。各视图图名的命名，主要包括：平面图、立面图、剖面图或断面图、详图。同一种视图多个图的图名前加编号以示区分。例如：平面图，以楼层编号，如地下二层平面图、地下一层平面图、首层平面图、二层平面图等；立面图应以该图两端头的轴线号编号；剖面图或断面图以剖切号编号；详图以索引号编号。图名标注在

图 6.2-1　标注图名的方法

视图的下方或一侧，并在图名下用粗实线绘一条横线，其长度应以图名所占长度为准。使用详图符号作图名时，符号下不再画线。比例应写在图名的右侧，如图 6.2-1 所示。

图框应包含标题栏与会签栏，图幅应符合现行国家标准《房屋建筑制图统一标准》GB/T 50001 的规定。

6.2.2　视图设置及图纸布置的软件操作示例

1. 设置视图比例

进入视图属性设置，设置相应视图的视图比例，如图 6.2-2 所示。

2. 拆分视图

设定视图比例后，当视图长度超过图框范围时，需要拆分视图，分别放到两张图纸里面。

（1）在项目浏览器中选中需要拆分的视图，将其复制为两个相关视图，如图 6.2-3 所示。

（2）进入"19♯2F（11.100）平面图之一"裁剪视图，只剩 19-13 轴变形缝左侧部分，并调整轴网标注。同理进入"19♯2F（11.100）平面图之二"裁剪视图，只剩 19-13 变形缝右侧部分，并调整轴网标注。如图 6.2-4、图 6.2-5 所示。

图 6.2-2　设置视图比例

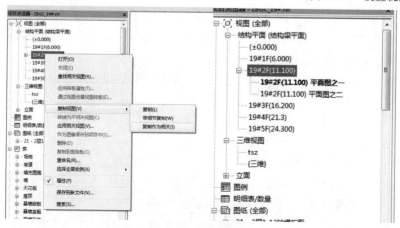

图 6.2-3　复制视图

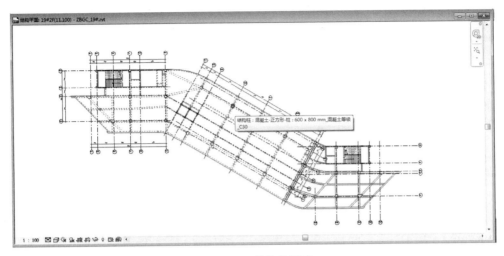

图 6.2-4　裁剪前视图

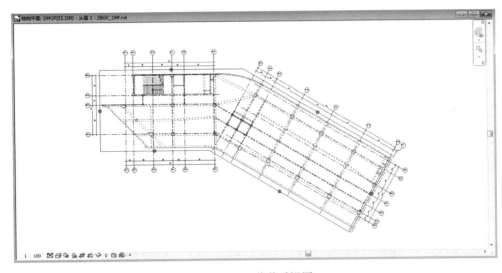

图 6.2-5　裁剪后视图

3. 设置视图范围

进入视图属性，设置视图的显示范围，以显示需要在该视图中表达的内容，如梁线、女儿墙、檐口、集水坑轮廓等，如图 6.2-6 所示。

图 6.2-6　设置视图范围

4. 可见性设置

在可见性设置中，可以设置需要显示的构件及其线型、颜色、截面填充图案等，如图 6.2-7 所示。

图 6.2-7　可见性设置

5. 新建图纸及添加视口

建立标准图框，并将视图拖进图框内，添加视口标题，并填写标题栏，如图 6.2-8～图 6.2-10 所示。

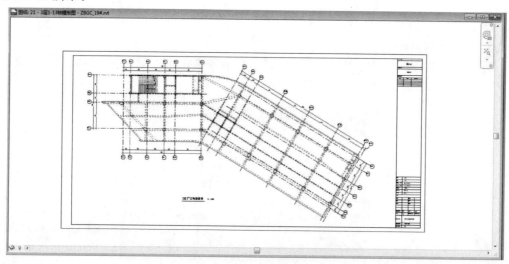

图 6.2-8　建立图框

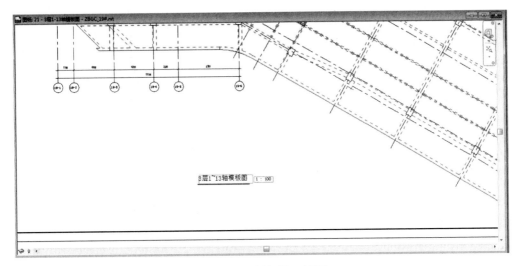

图 6.2-9　添加视口标题

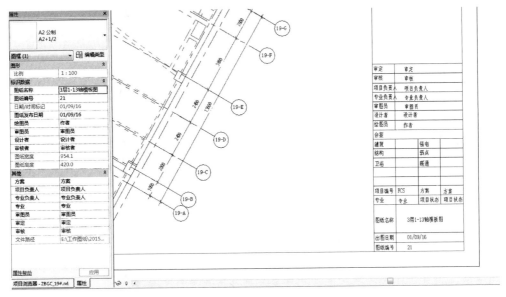

图 6.2-10　填写标题栏

6.3　图档中加入标注与注释

6.3.1　图档中加入标注与注释的方法

图档中需要加入的标注与注释主要有：

1. 基础平面图

（1）绘出定位轴线、基础构件的位置、尺寸、底标高、构件编号，表示后浇带的位置、宽度。

（2）砌体结构墙与墙垛、柱的位置、尺寸、编号，混凝土结构墙、柱平面定位。

（3）地沟、地坑和已定设备基础的平面位置、尺寸、标高。

（4）采用桩基时，绘制桩位平面位置、定位尺寸、编号，确定试桩位置。

（5）当采用人工复合地基时，应绘出复合地基的处理范围和深度，置换桩的平面布置及其材料和性能要求、构造详图，注明复合地基的承载力特征值及变形控制值等有关参数和检测要求。

2. 基础详图

（1）砌体结构无筋扩展基础应绘制剖面、基础圈梁、防潮层位置并标注总尺寸、分尺寸、标高、定位尺寸。

（2）扩展基础应绘出平、剖面及配筋、基础垫层，标注总尺寸、分尺寸、标高及定位尺寸等。

（3）桩基应绘出桩详图、承台详图及桩与承台的连接构造详图。桩详图包括：桩顶标高、桩长、桩身截面尺寸、配筋、预制桩的接头详图，并说明地质概况、桩持力层及桩端进入持力层的深度、成桩的施工要求、桩基的检测要求，注明单桩的承载力特征值（必要时尚应包括竖向抗拔承载力及水平承载力）。先做试桩时，应单独绘制试桩详图并提出试桩要求。承台详图包括：平面、剖面、垫层、配筋，标注总尺寸、分尺寸、标高、定位尺寸。

3. 结构平面图

一般建筑的结构平面图，应有各层结构平面图及屋面结构平面图，具体内容为：

（1）定位轴线及梁、柱、承重墙、抗震构造柱位置及必要的定位尺寸，并注明编号和楼面结构标高（可分别绘制）。

（2）采用预制板时应注明板的跨度方向、板号、数量、板底标高，标出预留洞大小、位置，预制梁、洞口过梁的位置、型号、梁底标高，砌体结构有圈梁时应用单线绘制位置、编号、注明标高。

（3）现浇板应注明板厚、板面标高、配筋，后浇带的位置及宽度，复杂造型处应绘制楼面模板图。

（4）楼梯间用斜线注明编号及所在详图号。

（5）屋面结构平面图内容同楼面，当结构找坡时应标注屋面板的坡度、坡向、坡向起止点处的板面标高。

4. 楼梯详图

绘制每层楼梯结构平面布置及剖面图，剖面图中表示清楚各受力构件相互关系，注明尺寸、构件代号、标高，绘制梯梁、梯柱、梯板详图。

5. 钢筋混凝土构件详图

（1）现浇构件（现浇梁、板、柱及墙等）应绘出：

1）纵剖面、长度、定位尺寸、标高及配筋，梁和板的支座（可利用标准图中的纵剖面图），现浇预应力混凝土构件尚应绘出预应力筋定位图，并提出锚固及张拉要求。

2）横剖面、定位尺寸、断面尺寸、配筋（可利用标准图中的横剖面图）。

3）必要时绘制墙体立面图。

4）若钢筋较复杂不易表示清楚时，宜将钢筋分离绘出。

5）对构件受力有影响的预留洞、预埋件，应注明其位置、尺寸、标高、洞边配筋及预埋件编号等。

6）曲梁或平面折线梁宜绘制放大平面图，必要时可绘展开详图。

7）一般的现浇结构的梁、柱、墙可采用"平面整体表示法"绘制，标注文字较密时，纵、横向梁宜分两幅平面绘制。

8）除总说明已叙述外，需特别说明其附加内容，尤其是与所选用标准图不同的要求（如钢筋锚固要求、构造要求等）。

9）对建筑非结构构件及建筑附属机电设备与结构主体的连接，应绘制连接或锚固详图。

注：非结构构件自身的抗震设计由相关专业人员分别负责进行。

（2）预制构件应绘出：

1）构件模板图，应表示模板尺寸、预留洞及预埋件位置、尺寸、预埋件编号、必要的标高等，后张预应力构件尚需表示预留孔道的定位尺寸、张拉端、锚固端等。

2）构件配筋图，纵剖面表示钢筋形式、箍筋直径与间距，配筋复杂时宜将非预应力筋分离绘出，横剖面注明断面尺寸、钢筋规格、位置、数量等。

3）需作补出说明的内容。

注：对形状简单、规则的现浇或顶制构件，在满足上述规定前提下，可用列表法绘制。

6. 混凝土结构节点构造详图

（1）对于现浇钢筋混凝土结构应绘制节点构造详图（可引用标准设计、通用图集中的详图）。

（2）预制装配式结构的节点，梁，柱与墙体锚拉等详图应绘出平、剖面，注明相互定位关系、构件代号、连接材料、附加钢筋（或埋件）的规格、型号、性能、数量，并注明连接方法以及对施工安装、后浇混凝土的有关要求等。

（3）需作补充说明的内容，标注尺寸、注释文字、符号标记等需满足制图规范的要求，图样及说明中的汉字宜采用长仿宋体，图样下的文字高度不宜小于5mm，说明中的文字高度不宜小于3mm，图样及说明中的拉丁字母、阿拉伯数字与罗马数字，宜采用单线简体或Roman字体，拉丁字母、阿拉伯数字、罗马数字的高度不应小于2.5mm，符号标记主要包括剖切符号、详图符号、索引符号、标高符号、轴线号、引出线、剖断线等。

6.3.2　图档中加入标注与注释的软件操作示例

1. 尺寸标注

（1）打开"线性尺寸标注类型"的类型属性对话框（如图6.3-1所示），其各参数分别对应控制标注样式的各个部分的外观样式，修改各参数使其符合制图规范要求（如图6.3-2所示）。

（2）标注轴网尺寸及细部尺寸

2. 添加文字注释

（1）打开文字样式的类型属性，设置

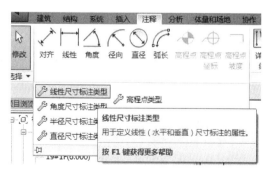

图 6.3-1　尺寸标注设置

文字样式使其符合制图标准（如图6.3-3所示）。

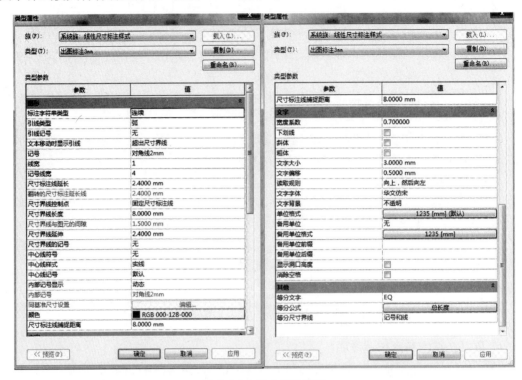

图6.3-2 尺寸标注参数

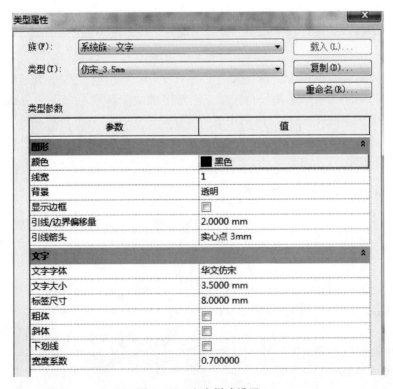

图6.3-3 文字样式设置

（2）在视图中添加文字注释（如图 6.3-4 所示）。

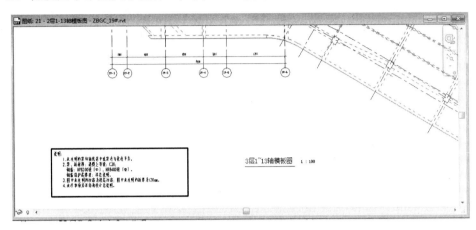

图 6.3-4　添加文字注释

3. 添加标高

选择菜单"注释-高程点"设置高程点类型属性，并在视图中添加高程点（如图 6.3-5 所示）。

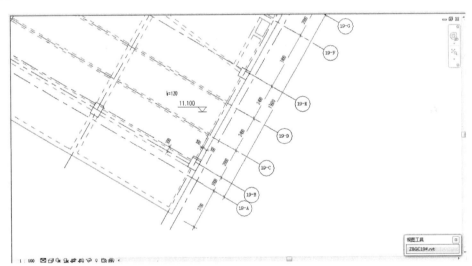

图 6.3-5　添加标高注释

6.4　依据 BIM 模型设计模板

6.4.1　依据 BIM 模型设计模板的方法

BIM 出图是个很繁琐的过程，另外，各个设计院的图纸标准、习惯画法也不一样，因此，定制适当的项目样板，不仅能够提高 BIM 模型转化为施工图纸的效率，而且能够保证图纸的标准化。设计模板需要设置以下内容：线样式、填充样式、尺寸标注样式、文字样式、注释符号样式、标准图框、通用图表、通用构件、视图样板等。其中视图样板可根据视图类型的不同分为结构基础平面样板、结构框架平面样板、结构屋面样板等。通过对设计模板的应用，可以大大减少视图设置、标注与注释设置的时间。

6.4.2 依据 BIM 模型设计模板的软件操作示例

1. 尺寸标注样式及文字样式设置同 6.3.2。

2. 线型图案、线宽、线样式设置

（1）线型图案设置，进入菜单"注释-其他设置-线型图案"，可进行线型图案的编辑（如图 6.4-1 所示）。

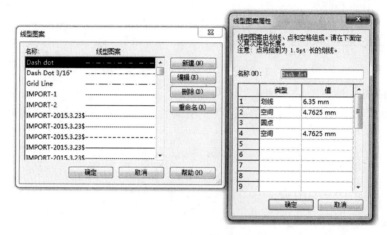

图 6.4-1　线型图案设置

（2）线宽设置，进入菜单"注释-其他设置-线宽"，可进行线宽的编辑，Revit 可以分别为模型对象、透视视图、注释对象各设置 16 种线宽，其中针对模型对象可以根据不同的比例为每种线宽设置不同的宽度值（如图 6.4-2 所示）。

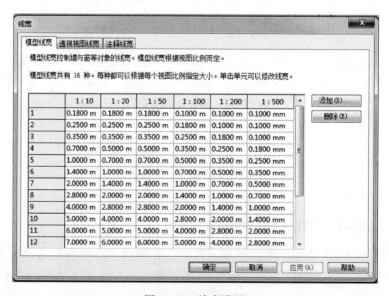

图 6.4-2　线宽设置

（3）线样式设置，进入菜单"注释-其他设置-线样式"，打开线样式对话框，可编辑线图元的线宽（由模型对象的线宽来控制）、颜色和线型图案（可以选择所有已设置好的线型图案），如图 6.4-3 所示。

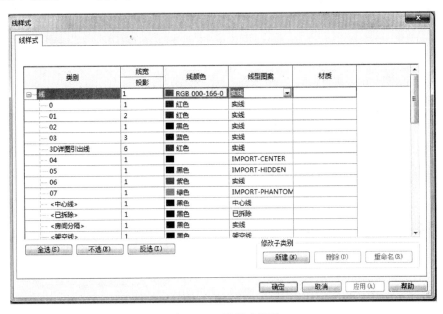

图 6.4-3　线样式设置

3. 对象样式的设置

进入菜单"注释-对象样式"，打开对象样式对话框，可以对各种对象进行线宽、颜色、线型图案及材质的设置，对象样式的设置是保证除线图元外其他图元外观样式的关键（如图 6.4-4 所示）。

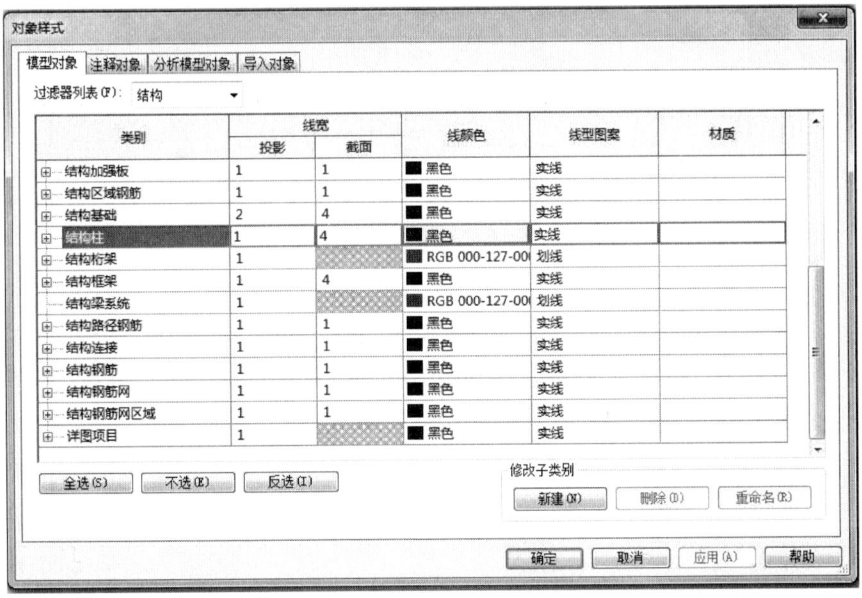

图 6.4-4　对象样式设置

4. 填充样式、填充区域设置

（1）填充样式设置，进入菜单"注释-其他设置-填充样式"，打开填充样式对话框，可以看到 Revit 的填充类型分为绘图及模型两种，对于画图，仅仅用到绘图类就足够。可修改或新建填充图案，也可导入 AutoCAD 中的填充图案，如图 6.4-5 所示。

图 6.4-5　填充样式设置

（2）填充区域设置，填充区域是绘制大样图中经常用到的二维图元，在项目样板文件中设置好填充样式以后就可以设置常用的填充区域，展开"项目浏览器-族-详图项目-填充区域"以显示现有的填充区域类型，双击其中一种类型，可修改或新建填充区域类型，如图 6.4-6 所示。

图 6.4-6　填充区域设置

112

5. 视图样板设置

视图样板设置主要包含可见性设置、视图范围设置，同图 6.2.2 在设置好视图样板后，可为同一类型的视图自动设置同样的视图样板。如图 6.4-7、图 6.4-8 所示。

图 6.4-7　视图样板设置

图 6.4-8　应用视图样板

6. 传递项目标准

选择菜单"管理-传递项目标准",可将其他项目的设置传递到现在的项目,减少重新设置的工作量。如图 6.4-9 所示。

图 6.4-9　传递项目标准

7. 提前保存样板文件

在 Revit 中,将常用的构件族、注释符号族、图框、目录、说明、明细表等设置好,并保存为样板文件,可大大方便今后的设计出图工作。

6.5　基于 BIM 的结构施工图出图

6.5.1　基于 BIM 的结构施工图出图的方法

基于 BIM 的结构施工图出图包含两部分内容,一是平法施工图的生成,二是图纸的打印与发布。BIM 技术中,钢筋混凝土结构的钢筋可以采用 3D 实体来建模,提交的施工图文档一般是剖面详图,也可以采用平法表达。所谓"平法",是把结构构件的尺寸和配筋等按照平面整体表示方法的制图规则,整体直接地表示在各类构件的结构平面布置图上,再与标准构造详图配合,形成的一套完整的结构设计表示方法。在 BIM 平台中融入平法,符合我国现阶段施工图的需要。目前常用的方法有以下几种,其一将 BIM 模型导入结构分析软件,在结构分析软件中经过分析计算直接出图,其二将计算结果返回建模软件中出图。图纸的打印出图可以在 BIM 软件中直接打印或者发布为 PDF、DWG、DWF 等格式。

6.5.2　基于 BIM 的结构施工图出图的软件操作示例

1. 基于共享参数的梁平法标注

(1) 创建梁平法共享参数,在"管理"标签下选择"共享参数"命令创建共享参数;如图 6.5-1 所示。

图 6.5-1 创建共享参数

（2）创建结构框架标记族，新建-族-公用常规标记族，族类别为结构框架标记，定义梁集中标注标签，如图 6.5-2 所示。

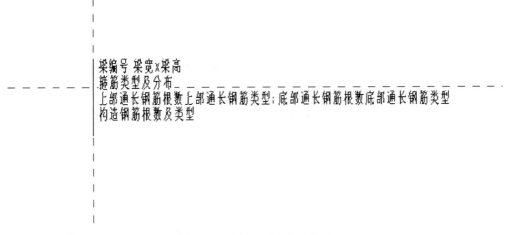

图 6.5-2 创建结构框架标记族

（3）创建项目参数，在"管理"标签下选择"项目参数"，将之前定义的梁平法共享参数添加为项目参数，选择"实例参数"，类别选"结构框架"（如图 6.5-3 所示），这样，在结构框架图元属性里面，就可以查看刚才添加的共享参数（如图 6.5-4 所示）。

（4）基于梁注释功能，标注梁的钢筋信息，激活"梁注释"对话框，设置如图 6.5-5 所示，确定后则当前视图下的梁均按照"梁注释"添加了相应的标记信息，如图 6.5-6 所示。

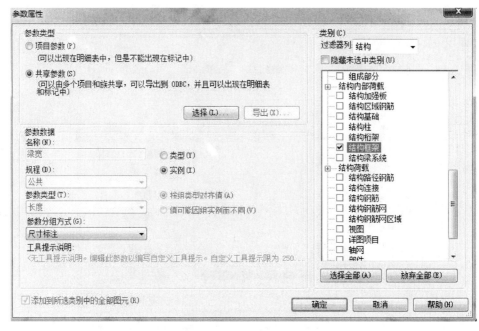

图 6.5-3　创建项目参数

图 6.5-4　图元属性

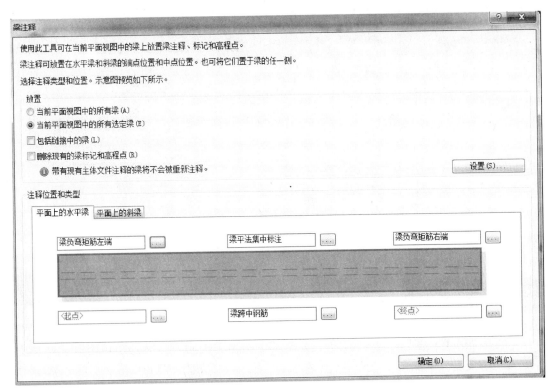

图 6.5-5　梁注释设置

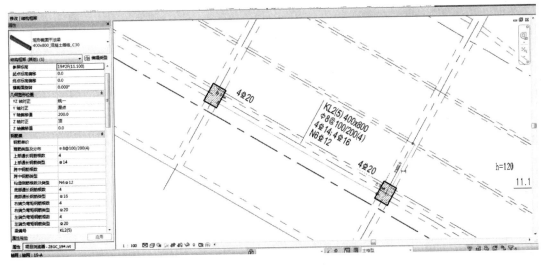

图 6.5-6　梁注释示例

2. 图纸输出

（1）导出 CAD 图纸，设置各种图元导出后在 DWG 文件中对应的图层、线型、填充图案等是导出图形前要做的工作，通过点击 Revit 左上角大图标进入下拉菜单"导出-选项-导出设置 DWG/DXF"打开修改 DWG/DXF 导出设置对话框（如图 6.5-7 所示），进行相应的设置。

图 6.5-7　DWG/DXF 导出设置

（2）发布 DWF 图形，DWF 文件是一种用于浏览、批阅、打印的不可修改的文件类型，并能够支持三维图形，点击 Revit 左上角大图标"导出-DWF/DWFx"打开 DWF 导出设置（如图 6.5-8 所示），选择需要导出的视图及图纸，如果发布的视图还要用来打印为施工图则可以点击"打印设置"按钮进行设置（如图 6.5-9 所示）。

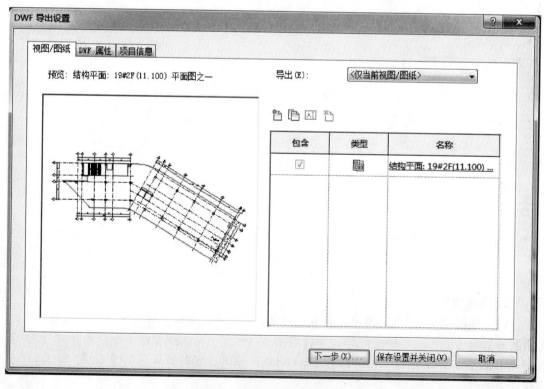

图 6.5-8　DWF 导出设置

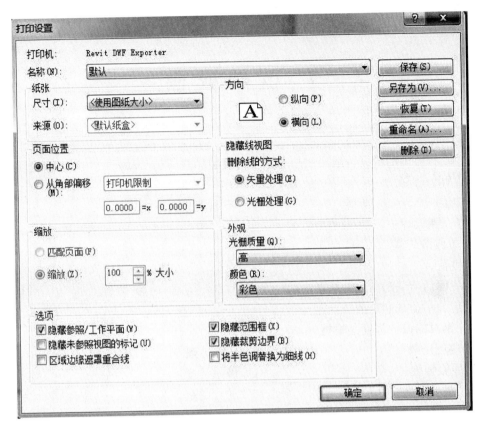

图 6.5-9 打印设置

119

7 试题样例

1. 单选题

(1) 结构模型的标高一般要比相应的建筑模型标高（   ）。

A. 高出一部分　　　　　　B. 低一些

C. 相同　　　　　　　　　D. 不确定

(2) 屋架设计中，积灰荷载应与（   ）同时考虑。

A. 屋面活荷载

B. 雪荷载

C. 屋面活荷载和雪荷载两者中的较大值

D. 屋面活荷载和雪荷载

(3) 钢材的设计强度是根据（   ）确定的。

A. 比例极限　　　　　　　B. 弹性极限

C. 屈服强度　　　　　　　D. 极限强度

(4) 提高受弯构件正截面受弯能力最有效的方法是（   ）。

A. 增加截面宽度　　　　　B. 增加截面高度

C. 提高混凝土强度等级　　D. 增加保护层厚度

(5) 钢筋及细部节点的设计一般处于（   ）。

A. 方案设计　　　　　　　B. 初设阶段

C. 施工图阶段　　　　　　D. 竣工阶段

(6) 下列不属于结构深化设计建模常用方法用到的结构分析软件的是（   ）。

A. YJK　　　　　　　　　B. PKPM

C. Bentley　　　　　　　　D. Midas

(7) 下列哪种模型不是在结构设计中逐步深化的（   ）。

A. 用户模型　　　　　　　B. 设计模型

C. 分析模型　　　　　　　D. 施工图模型

(8) 下列属于软碰撞的是（   ）。

A. 间距和空间无法满足相关施工要求

B. 设备管线之间的碰撞

C. 管线与建筑结构部分的碰撞

D. 建筑结构之间的碰撞

(9) 使用企业项目样板不可以（   ）。

A. 统一制图标准

B. 实现多款软件同时工作，提高效率

C. 简化出图程序

D. 满足企业的 BIM 建模标准

（10）BIM 技术在建筑全生命周期中建立各个专业之间信息共享的一个普遍意义的基准文件格式是（　　　）。

A. ifc

B. dxf

C. rvt

D. skp

2. 多选题

（1）BIM 的沟通可以运用到项目的（　　　）阶段。

A. 项目立项阶段

B. 设计阶段

C. 施工阶段

D. 运维阶段

E. 造价阶段

（2）关于 BIM 模型维护，表述正确的是（　　　）。

A. 模型是逐渐深化、信息不断丰富的发展过程

B. BIM 模型的信息是相对静态的

C. 三维模型信息的核心是参数化和智能化

D. 模型维护的内容随阶段的深化越来越精简

E. 各种信息始终是建立在一个三维模型数据库中

（3）施工图平法表达的信息，作为模型信息输入，优点包括（　　　）。

A. 配筋信息集中

B. 钢筋混凝土结构的钢筋土建深化施工图文档一般是剖面详图

C. 采用 3D 实体来建模，方便直观

D. 图面简洁，方便深化图纸的提交和审阅

E. 建模工作量小

（4）关于 BIM 模型数据交换的说法，正确的是（　　　）。

A. 我国 BIM 模型数据交换标准体系分为国家标准、行业标准、地方标准

B. BIM 模型数据交换唯一不能实现不同阶段及不同行业间的交换

C. 同一阶段内不同专业间的数据交换的目的是对专业间共同关心的设计对象进行协同处理，以保证交付 BIM 模型中各专业数据间的协同一致性

D. 实现这些专业平台间的数据协同与快速有效的数据交换就需要有下层 BIM 基础平台的支持

E. 施工图模型、用户模型、设计模型、分析模型是通常结构设计中逐步深化的过程

（5）关于碰撞检查概述的说法，正确的是（　　　）。

A. 可以完全避免了在日后项目施工阶段返工

B. 可以有效缩短项目的建设周期和降低建设成本

C. 消除变更与返工的主要工具就是 BIM 的碰撞检查

D. 目前 BIM 的碰撞检查应用主要集中在软碰撞

E. 结构工程专业自身的碰撞检查主要是针对三维实体钢筋碰撞的检查

3. 按照所给的钢结构节点详图（图 7.0-1 和图 7.0-2）完成如图 7.0-3 所示的钢结构柱脚节点的建模，柱的底部标高是 $F_1 = 0.00m$，顶部标高是 $F_2 = 2.500m$,，最后以"钢结构柱脚节点"命名项目文件。

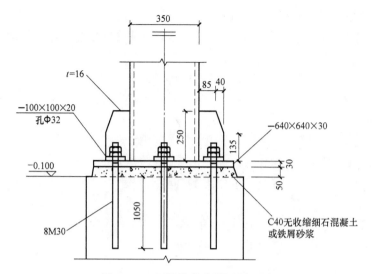

图 7.0-1　钢结构节点详图剖面图

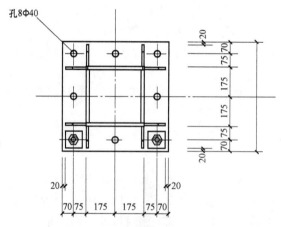

图 7.0-2　钢结构节点详图平面图

图 7.0-3　钢结构柱脚节点模型

4. 根据所提供的"活动中心结构图纸"及项目样板文件，完成如图 **7.0-4** 所示的活动中心地上部分结构梁，板，柱及剪力墙的建模（不考虑结构配筋），完成的文件以"活动中心结构模型"命名并保存为项目文件。

图 7.0-4　活动中心模型

5. 将所给的 CAD 图纸（第五题图纸）中二层办公楼的各标准层的结构平面布置图通过结构计算软件将其转化成结构计算模型，在计算软件当中进行结构模型分析设计及施工图的输出。最后通过软件将结构模型的相关信息导入到 Revit 软件当中。

参 考 文 献

［1］ 查克·伊斯曼，保罗·泰肖尔兹，拉斐尔·萨克斯等. BIM 手册［M］. 北京：中国建筑工业出版社，2016.

［2］ Autodesk Asia Pte Ltd. Autodesk Revit Structure 2012 应用宝典［M］. 上海：同济大学出版社，2012.

［3］ 中华人民共和国住房和城乡建设部. GB 50001—2010 房屋建筑制图统一标准. 北京：中国建筑工业出版社，2011.

［4］ 罗伯特·S·韦甘特. BIM 开发［M］. 北京：中国建筑工业出版社，2016.

［5］ 王言磊，张男，陈炜. BIM 结构—Autodesk Revit Structure 在土木工程中的应用［M］. 北京：化学工业出版社，2016.

［6］ 沈阳建筑大学. 装配式混凝土结构建筑信息模型（BIM）应用指南［M］. 北京：化学工业出版社，2016.

［7］ 中国勘察设计协会，欧特克软件（中国）有限公司. Autodesk BIM 实施计划——实用的 BIM 实施框架［C］. 北京：中国建筑工业出版社，2010.

［8］ Autodesk Asia Pte Ltd. Autodesk Revit 2013 族. 上海：同济大学出版社，2013.

［9］ 刘广文，牟培超，黄铭丰. BIM 应用基础［M］. 上海：同济大学出版社，2013.

［10］ Autodesk Asia Pte Ltd. Autodesk Revit 二次开发基础教程［M］. 上海：同济大学出版社，2015.

［11］ 徐敏生. 市政 BIM 理论与实践［M］. 上海：同济大学出版社，2016.

［12］ 李久林等. 大型施工总承包工程 BIM 技术研究与应用［M］. 北京：中国建筑工业出版社，2014.